ZHONGGUO JIDUAN JIANGSHUI QIHOU TUJI

中国极端降水气候图集

叶殿秀　　张存杰　　周自江　等　编著

气象出版社

China Meteorological Press

内容简介

　　本图集是在全国2420个气象站1961-2011年逐日和逐小时降水观测资料基础上，经过科学计算整编而成，它以图集的形式直观地展示了中国极端降水的时空分布规律，客观揭示了中国极端降水的基本气候特征。其内容包括降水基本状态、极大降水量、年最大降水量均值及年际变差系数、多年一遇极端降水量、流域降水量历年变化五部分图组，共计243幅图。通过本图集可以系统了解我国年、季降水的基本空间分布特征，也可以获知1961-2011年十大流域的年、季降水量的历年变化；既可获取1961-2011年我国年和5-10月逐月的六种历时降水量极大值、年最大降水量多年平均、多年一遇极端降水量，也可获知十大流域六种历时的最大降水量历年变化。

　　本图集可为我国气象、水利、农业、交通等部门的业务和科研工作提供重要的基础资料，也可为全国各地暴雨洪涝、山洪、滑坡、泥石流等灾害的防治、城市排水管网建设标准等提供有益的参考。

图书在版编目(CIP)数据

中国极端降水气候图集/叶殿秀等编著. —北京：气象出版社，2014.5
ISBN 978-7-5029-5924-1

Ⅰ．①中… Ⅱ．①叶… Ⅲ．①年降水量－气候图－中国－图集②降水分布－气候图－中国－图集　Ⅳ.①P426.61-64

中国版本图书馆CIP数据核字(2014)第076860号

审图号：GS(2013)2642号

出版发行　气象出版社

地　　　址：北京市海淀区中关村南大街46号		邮政编码：100081	
总 编 室：010-68407112		发 行 部：010-68409198	
网　　　址：http://www.cmp.cma.gov.cn		E_mail：qxcbs@263.net	
责任编辑：陈　红		终　　审：汪勤模	
封面设计：易普锐创意		责任技编：吴庭芳	
责任校对：石　仁			
印　　刷：北京地大天成印务有限公司			
开　　本：880 mm×1230 mm　1/16		印　张：10.25	
字　　数：300千字			
版　　次：2014年6月第1版		印　次：2014年6月第1次印刷	
定　　价：188.00元			

《中国极端降水气候图集》
编制人员和单位

一、编审委员会

主　任：宋连春

副主任：丁一汇

委　员：张祖强　李维京　陈云峰　张培群　张存杰　周自江
　　　　祝昌汉　翟盘茂　熊安元　杨贵明　王志华　廖　军
　　　　王国复　柯怡明

二、编制组

组　长：叶殿秀

副组长：张存杰　周自江

成　员：李　莹　陈鲜艳　蔡雯悦　周　兵　刘秋锋　肖风劲
　　　　赵珊珊　张培群　祝昌汉　徐良炎　陈国珍　马天健
　　　　陆均天　张秀芝　蔡新玲　高　歌　冯　丁　廖要明
　　　　慕建利　王遵娅　王　荣　吴国玲　罗　斌

三、参加单位

国家气候中心

国家气象信息中心

北京北软数通科技有限责任公司

前　言

近年来，随着全球气候变化，极端强降水等天气气候事件频繁发生，对社会经济和人民生命财产造成严重影响。以前由于受可获取资料的限制，多数研究都集中在日尺度以上降水变化研究方面，而对小时尺度降水的研究较少。事实上，短时强降水因发生时间短、强度大，其造成的危害更大。近几年，国内有些学者开始使用小时降水资料分析日尺度以下降水的变化特征。为了全面了解和掌握我国强降水在时间和空间上的基本特点，国家气候中心和国家气象信息中心等单位精心编制了《中国极端降水气候图集》。

本图集利用中国 2420 个气象站 1961－2011 年共 51 年的逐日和逐小时降水资料，按降水基本状态、极大降水量、年最大降水量均值及年际变差系数、多年一遇极端降水量以及十大流域降水量历年变化五种类型，绘制了 243 幅图。本图集既反映了不同历时极端降水在时间和空间上的变化，也描述了不同历时极端降水的各种统计特征；既分析了其在全国范围的时空特征，也按十大流域绘制了流域的降水量历年变化图。《中国极端降水气候图集》的出版可为我国气象、农业、水利、交通等部门的业务、科研以及减灾防灾工作等提供有益的参考。

《中国极端降水气候图集》是在中国气象局应急减灾与公共服务司的支持下，由国家气候中心和国家气象信息中心等共同承担编制而成。其中国家气候中心负责图集方案的制定和组织实施，承担了所有图组的制作、分析和校订工作；国家气象信息中心承担降水资料整理和质量控制工作。本图集在编制过程中得到了丁一汇院士、宋连春研究员、祝昌汉研究员、唐灿研究员、徐良炎高级工程师等专家的大力支持和悉心指导，还得到了国家气候中心许多科技人员的大力帮助，在此，一并表示诚挚的感谢。

由于我国幅员广阔，地形复杂，气候类型多样，降水的时空变化很大，依据目前气象观测站积累的降水观测资料，很难全面、完整、准确地反映各地极端降水更细微的特征，有待未来采用多种观测手段来进一步深入研究。由于编制者水平有限，错误和欠缺在所难免，敬请读者批评指正。

编者

2013 年 12 月 26 日

编 制 说 明

一、资料来源

本图集采用中国气象局国家气象信息中心提供的1961—2011年全国2420个气象观测站（见全国气象站点分布图）的逐日、逐小时降水资料以及 0.5°×0.5°的格点月降水数据。未包含香港、澳门特别行政区及台湾省资料。

二、资料处理

1. 总降水量：指一定时期内降水量的总和。

2. 全国及流域平均降水量：指全国及流域范围内所有格点降水量的算术平均值，即面雨量。

3. 各季降水量占年降水量百分率：指各季的降水量除以年总降水量并乘以 100%。

4. 年（月）降水日数：指年（月）内日降水量≥0.1 mm 的天数。

5. 年各级别降水日数：指年内日降水量达到某级别量的天数。

6. 极（最）大降水量：指在某统计时段历史降水序列中挑选出的最大值。

7. 降水量变差系数：降水量的标准差与相应时段降水量平均值之比。

8. 多年一遇降水量：选用广义极值分布函数作为年最大降水量系列的统计分布函数，并据此计算多年一遇的年最大降水量。参与统计的年份数一般不少于30年。

9. 单站不同历时降水量序列构建：将单站逐小时降水量以小时为单位进行 3 小时、6 小时、12 小时、24 小时、72 小时滑动统计，得到 3 小时、6 小时、12 小时、24 小时、72 小时的降水序列。

10. 各流域不同历时最大降水量序列构建：采用薄盘样条法(TPS，Thin Plate Spline)，结合三维地理空间信息进行空间插值，将 1961—2011 年全国逐小时降水量资料插值到 0.5°×0.5°格点上，在此基础上，计算全国及流域范围内逐小时平均面雨量，经过滑动处理，获得各流域 1 小时、3 小时、6 小时、12 小时、24 小时、72 小时的面雨量历史序列，然后在相应的序列中挑出各年的最大值，形成各流域不同历时最大降水量历史序列。

11. 雨带进程：利用全国范围 1981—2010 年逐日格点降水资料，计算 30 年候平均日降水量，在此基础上，再计算同一纬度110°～120°E 范围内所有经向格点降水量平均值，制作逐候日平均降水量纬度（22°～45°N）和时间（1 月第 1 候到 12 月第 6 候）剖面图。

三、特别说明

1. 四季划分：冬季（12月至翌年2月）、春季（3—5月）、夏季（6—8月）、秋季（9—11月）。

2. 雨带开始、结束时间：当某候平均日降水量最早出现≥6 mm时，则该候为雨带开始时间；当某候平均日降水量最晚出现≥6 mm时，则该候为雨带结束时间。

3. 由于北方地区冬季冻结期不观测逐小时降水量，所以全国冬季实有观测逐小时降水量的台站数少于夏季。为此，在统计各月不同历时最大降水量时，只考虑5—10月。

4. 降水基本状态图组采用1981—2010年日降水资料计算获得，其他图组均采用1961—2011年降水资料计算获得。

5. 图中红色点代表最大值的位置，数字代表最大值；深蓝色点代表最小值位置，数字代表最小值。

6. 西部高原地区测站稀少且分布不均，分析等值线只能代表降水气候分布的趋势，故用虚线表示。

四、项目资助

本图集由中国气象局小型业务建设项目"中国暴雨洪涝灾害风险区划图集"和国家重点基础研究发展计划项目（973计划）"全球气候变化对气候灾害的影响及区域适应研究"（NO.2012CB955903）共同资助完成。

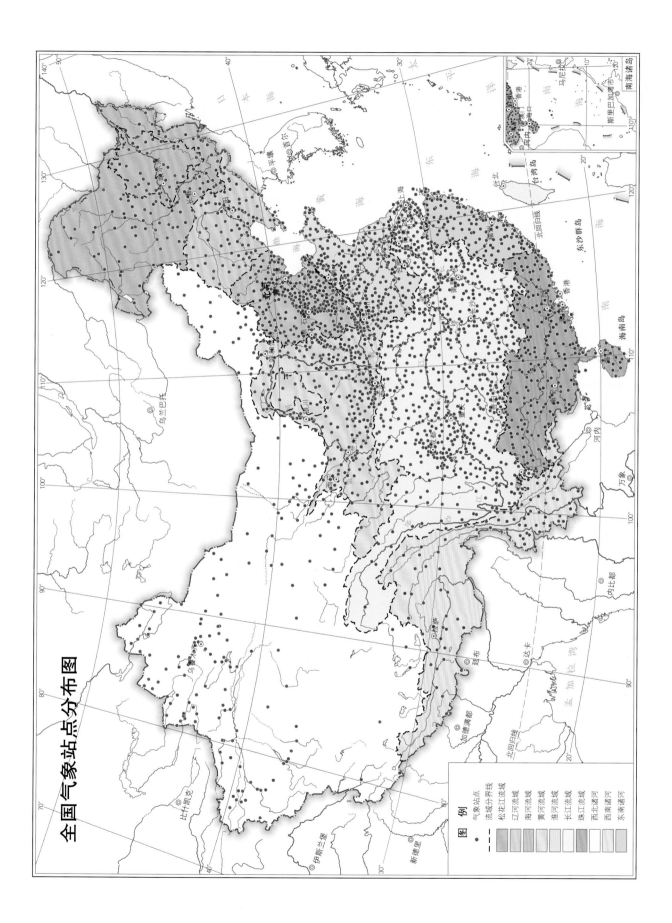

全国气象站点分布图

图 例

· 气象站点
---- 流域分界线
松花江流域
辽河流域
海河流域
黄河流域
淮河流域
长江流域
珠江流域
西北诸河
西南诸河
东南诸河

目　　录

二、极大降水量图

三、年最大降水量均值及年际变差系数图

四、多年一遇极端降水量图

五、降水量历年变化图

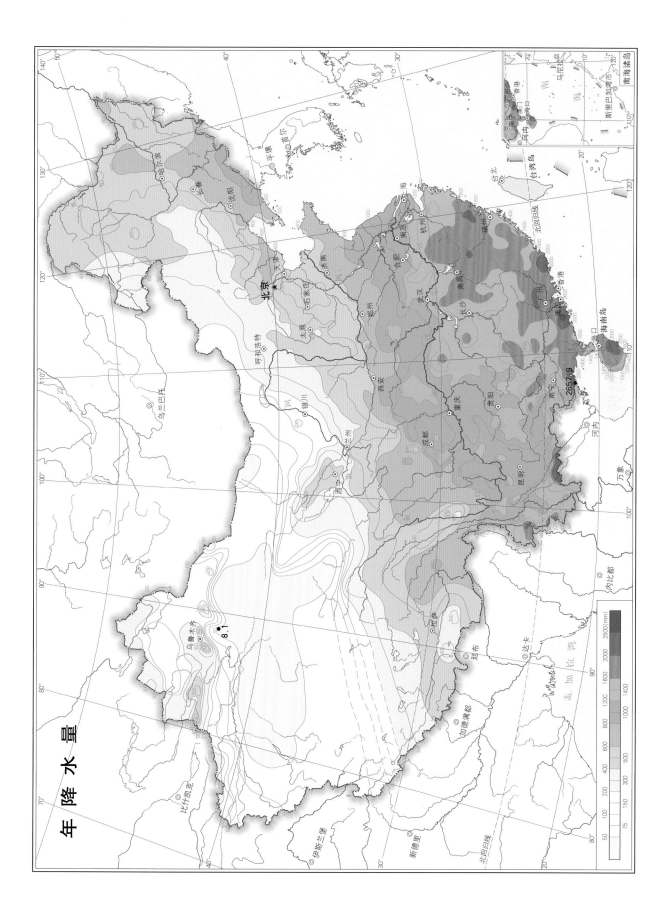

年 降 水 量

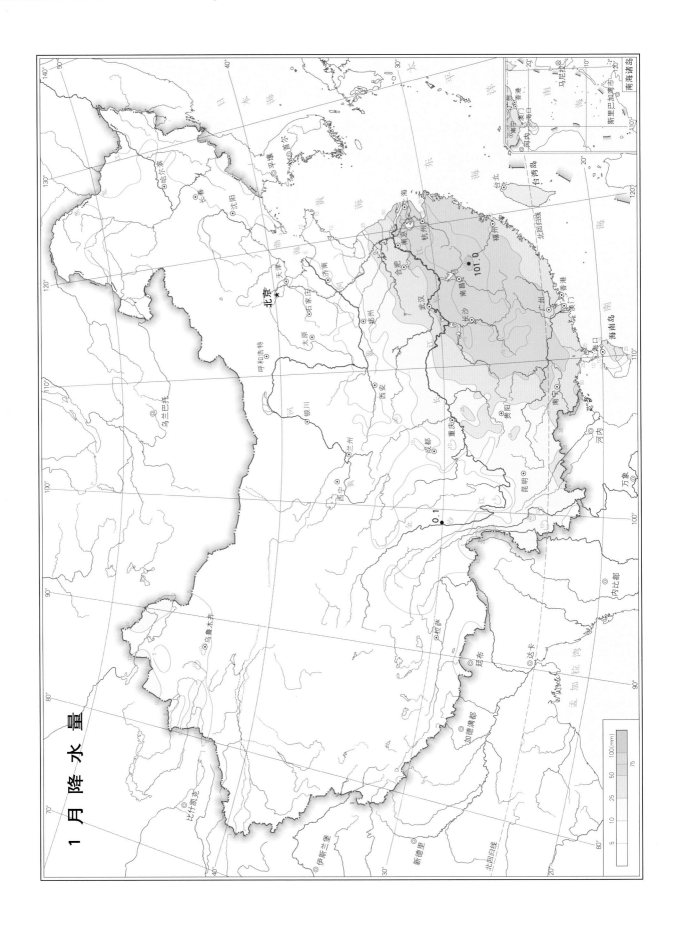

1 月 降 水 量

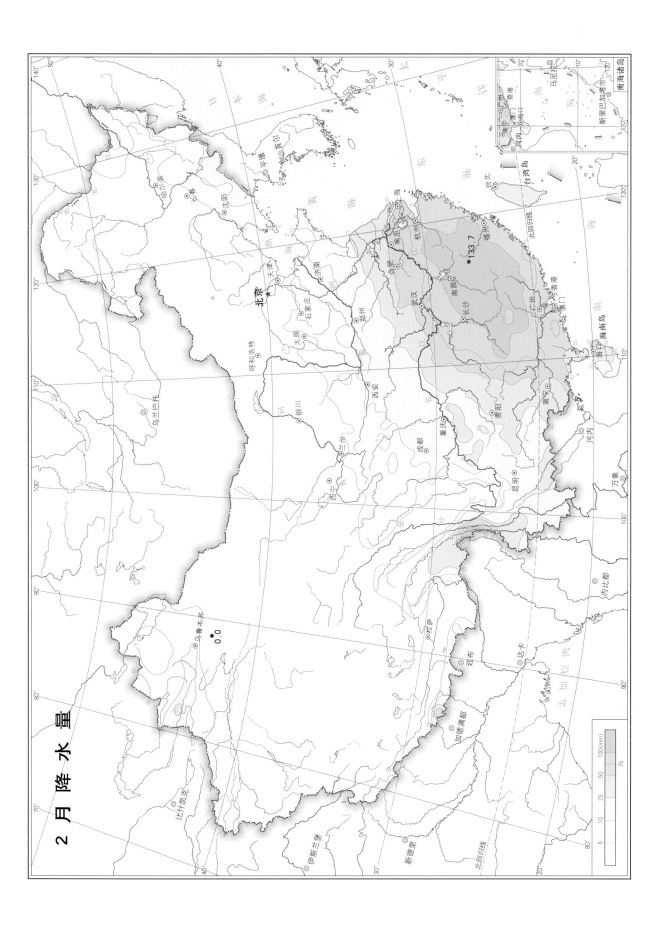

2 月 降 水 量

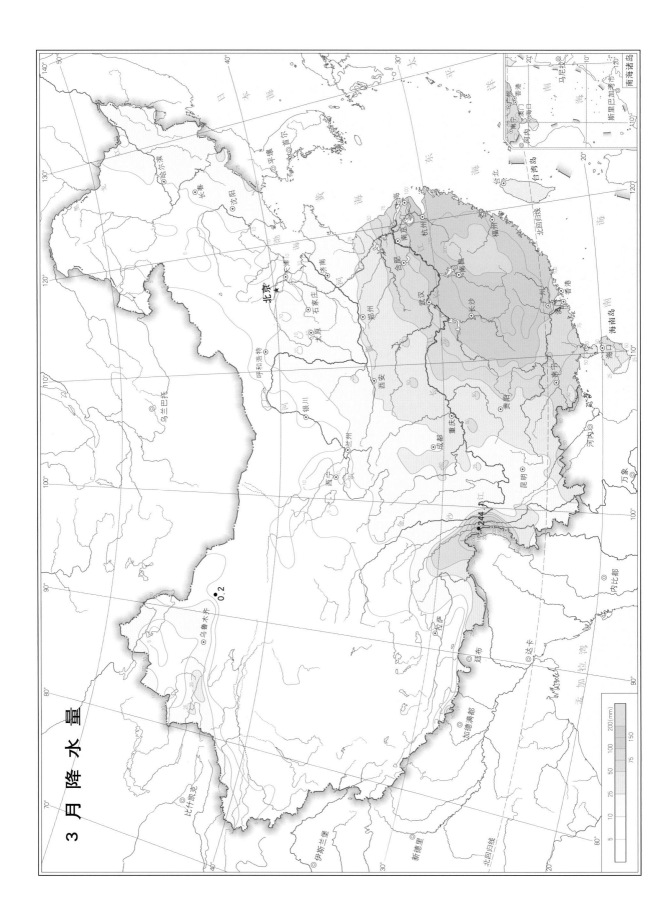

中国极端降水气候图集
ZHONGGUO JIDUAN JIANGSHUI QIHOU TUJI

3 月 降 水 量

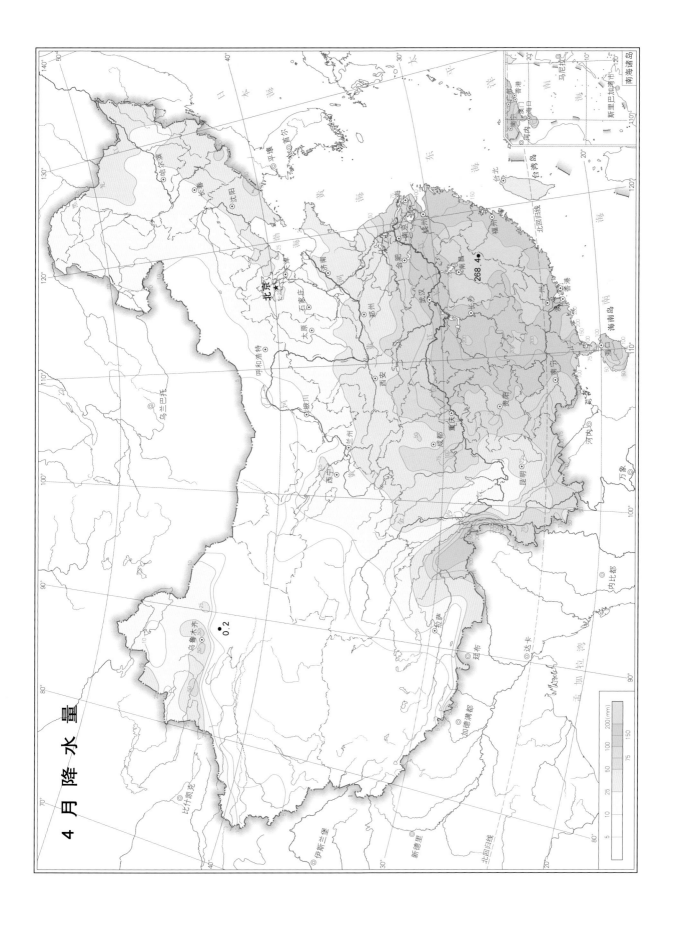

4 月 降 水 量

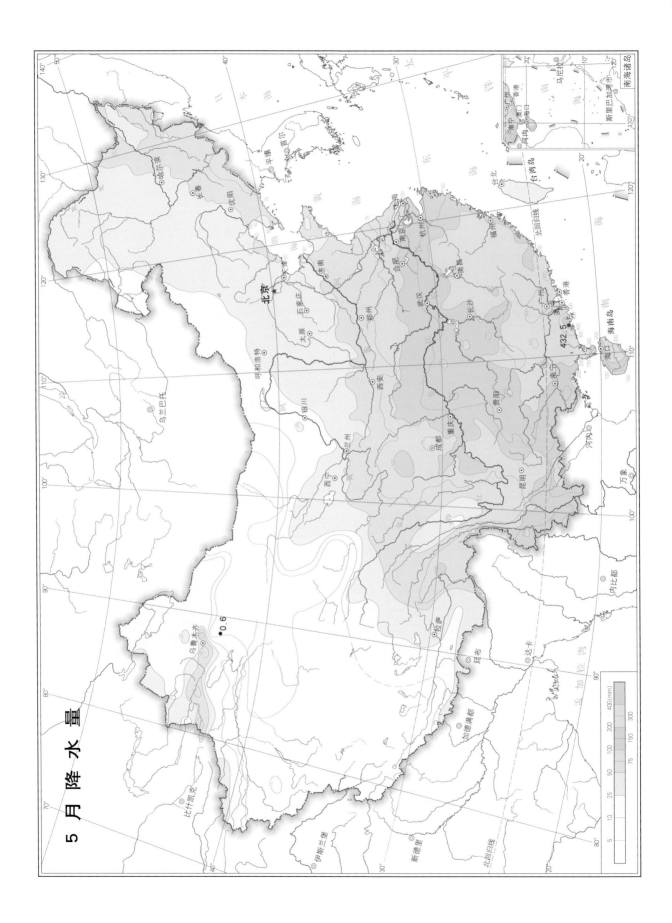

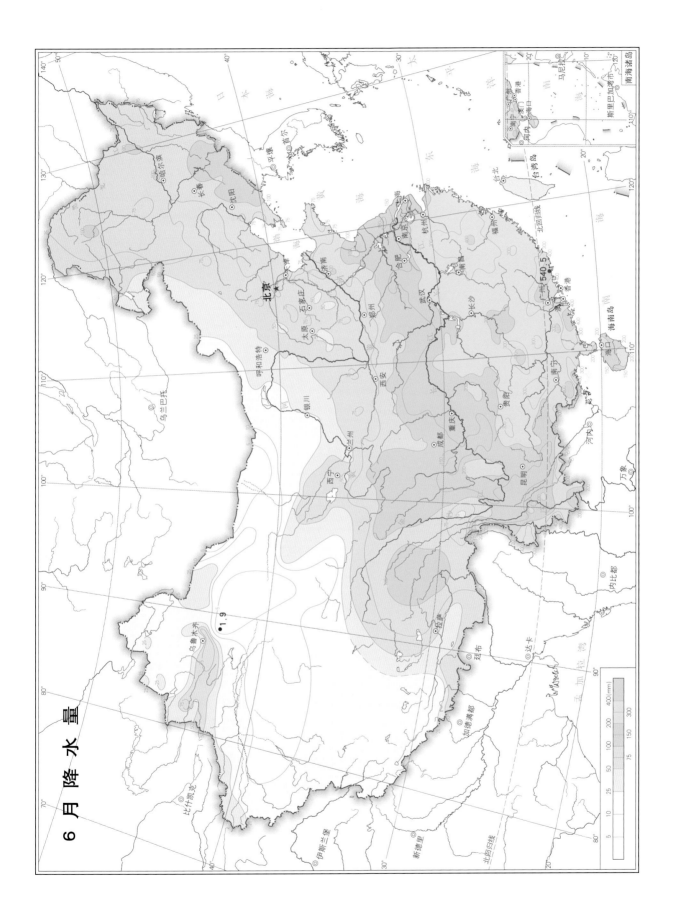

6 月 降 水 量

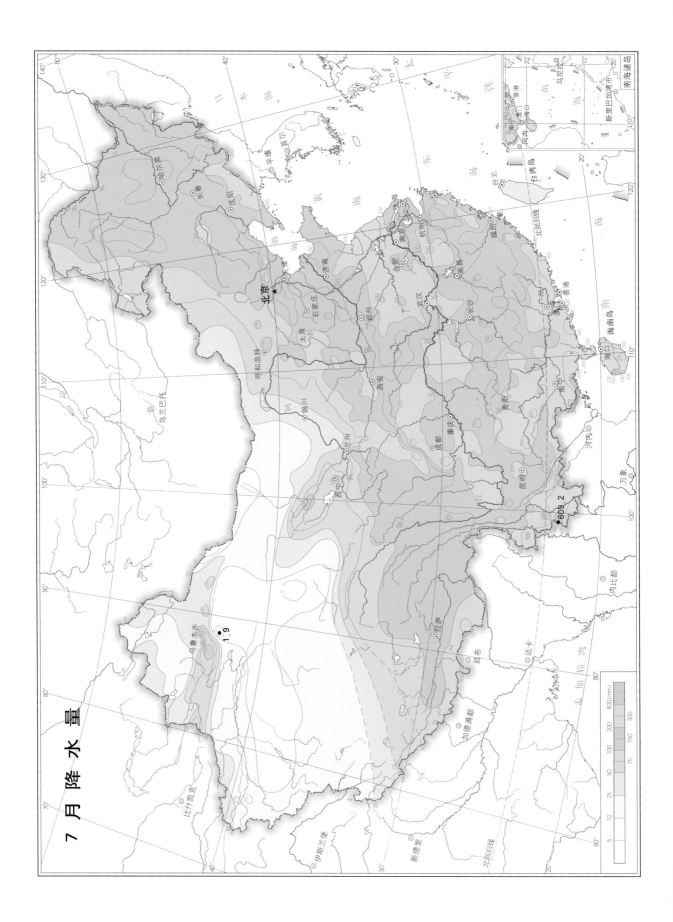

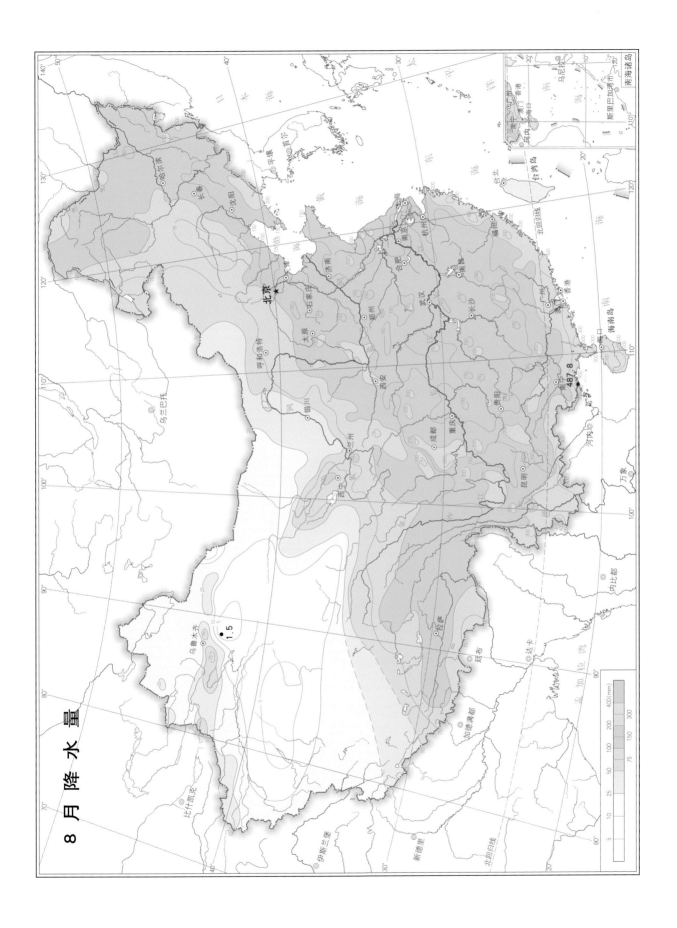

8 月 降 水 量

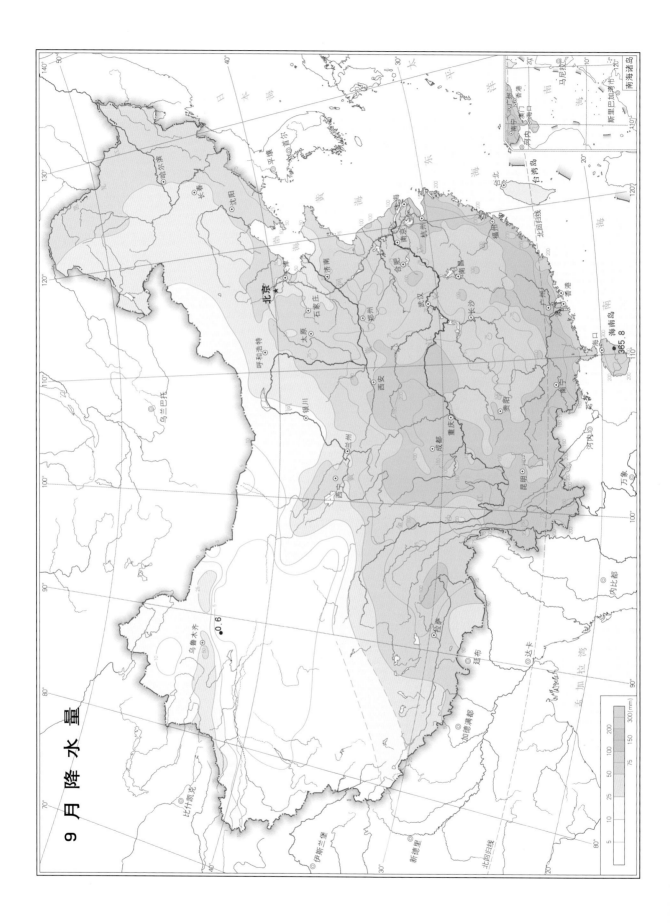

9 月 降 水 量

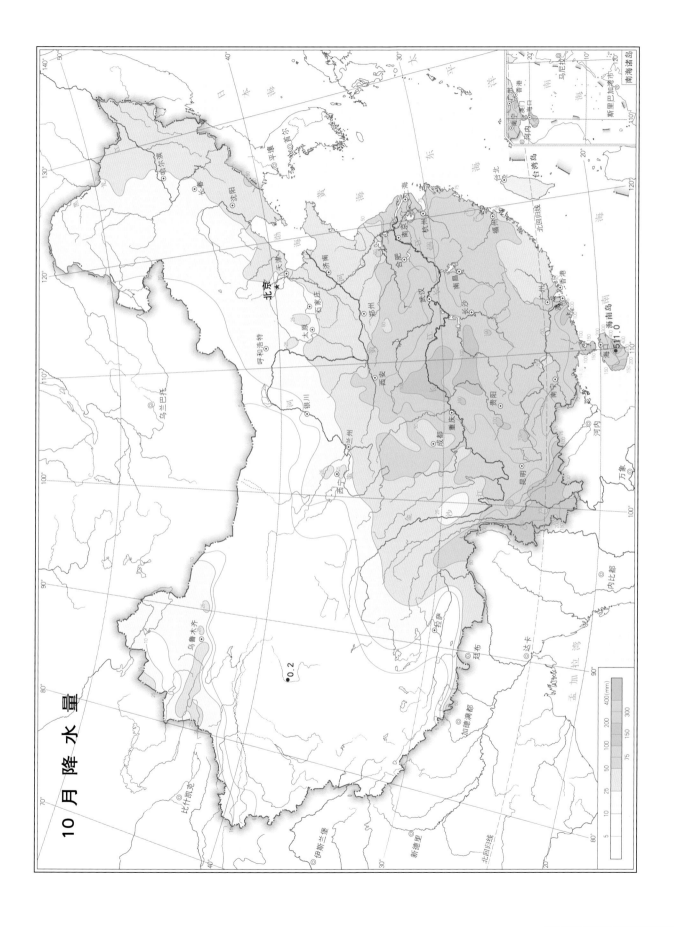

10 月 降 水 量

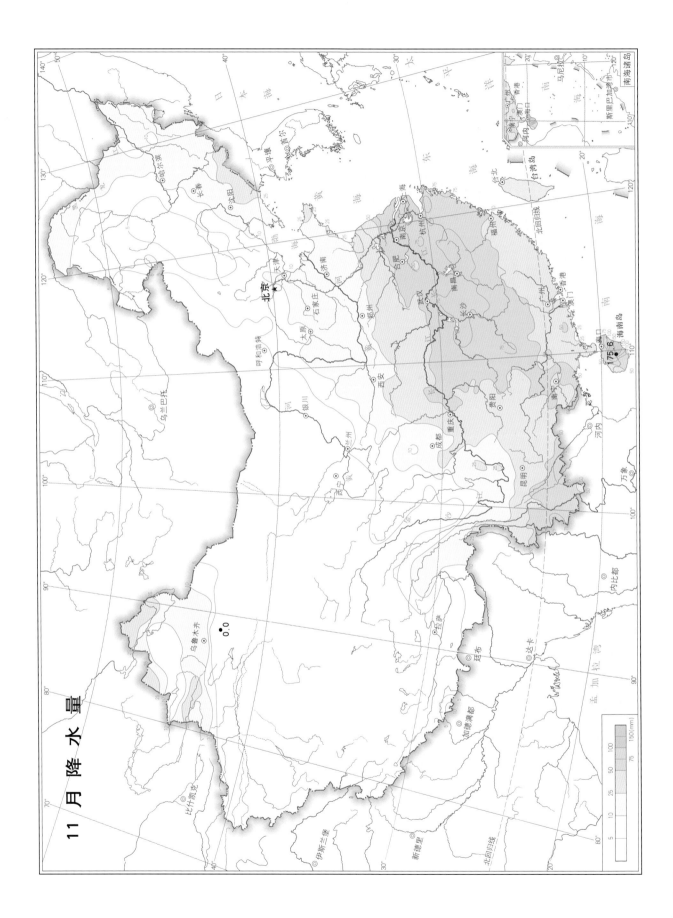

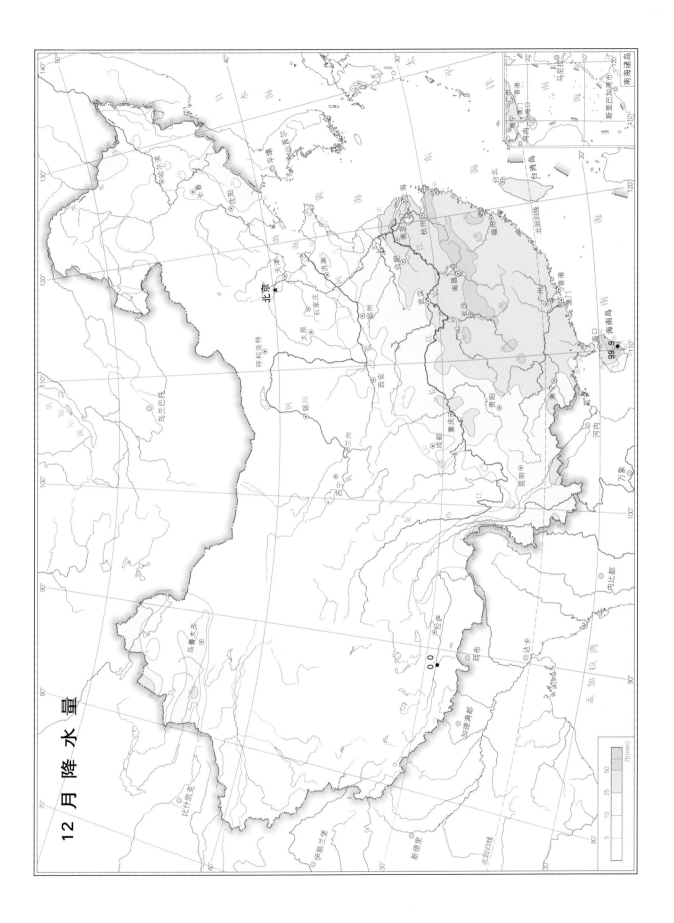

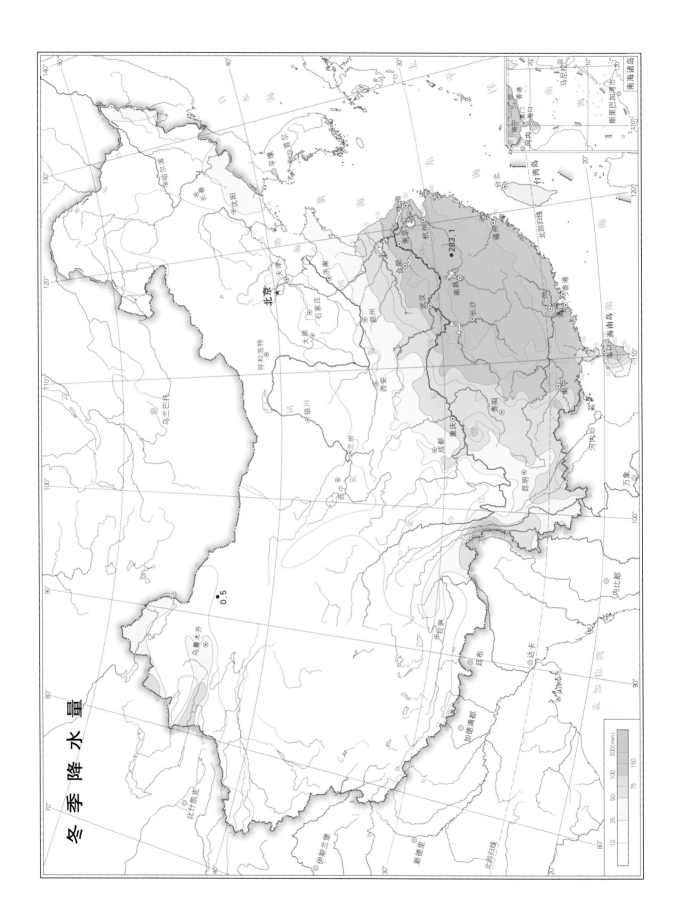

冬 季 降 水 量

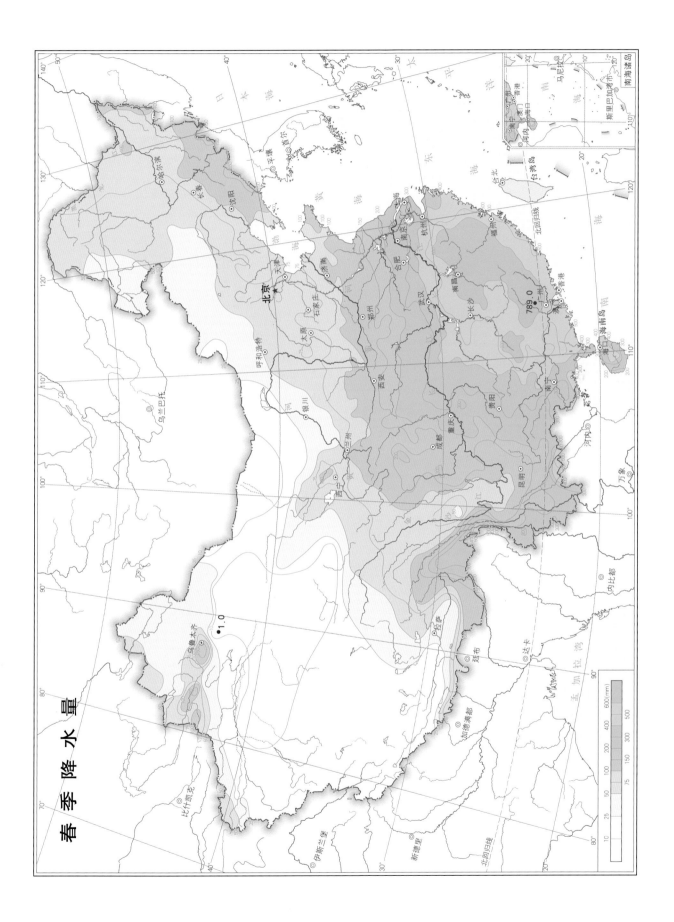

春 季 降 水 量

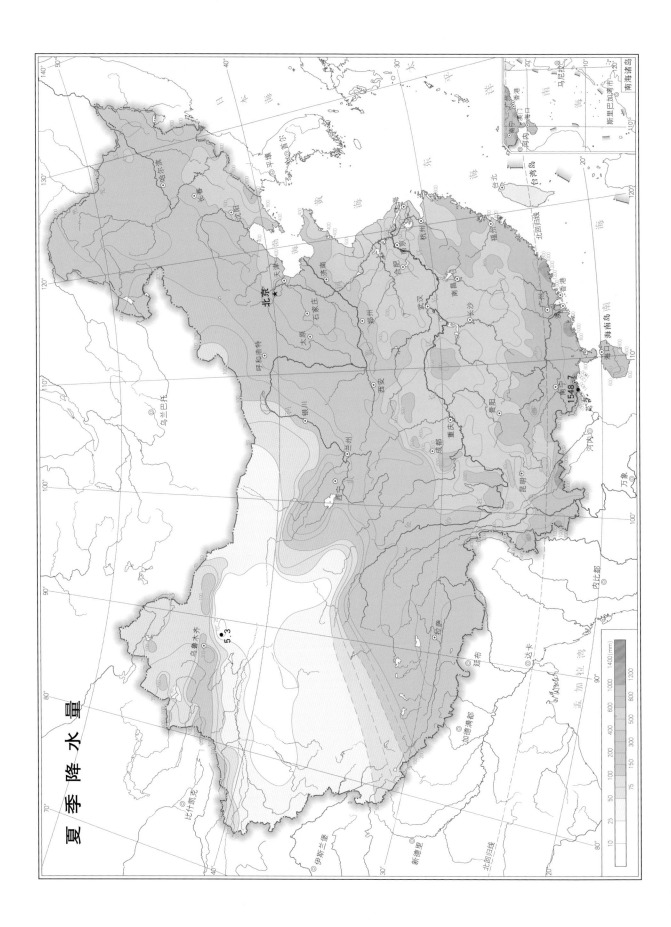

夏 季 降 水 量

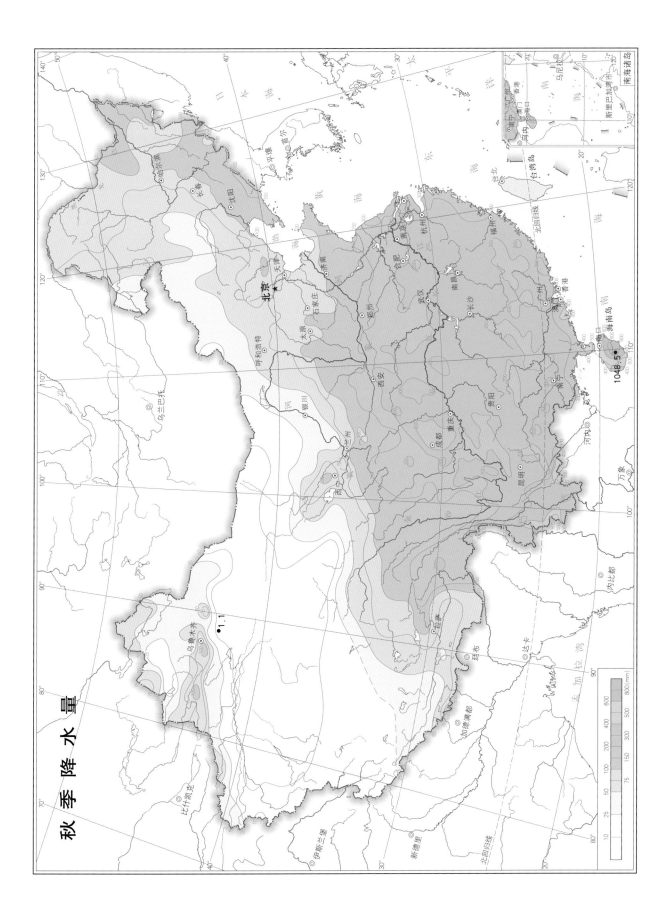

秋 季 降 水 量

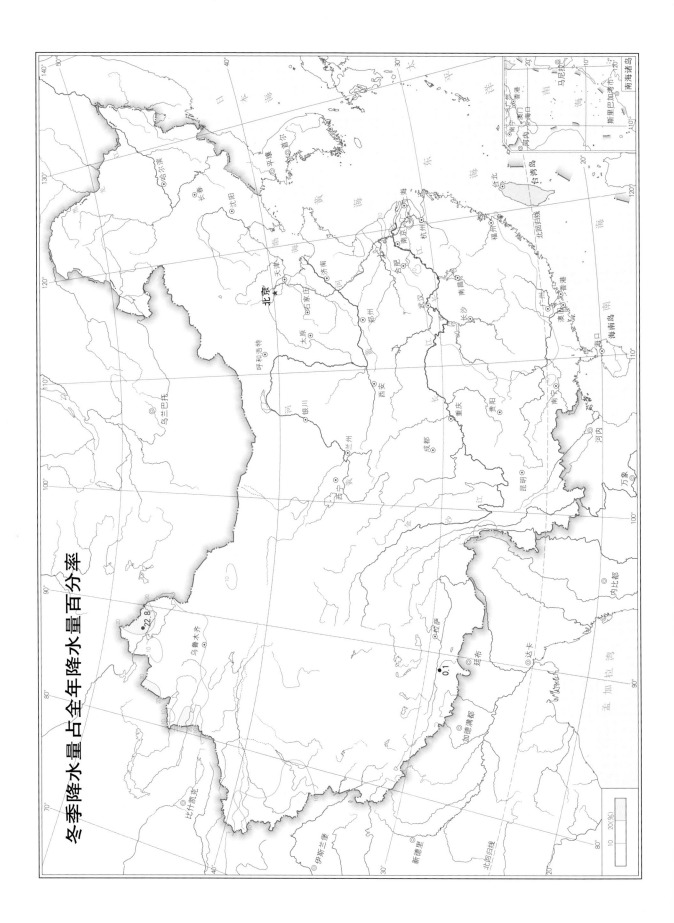

冬季降水量占全年降水量百分率

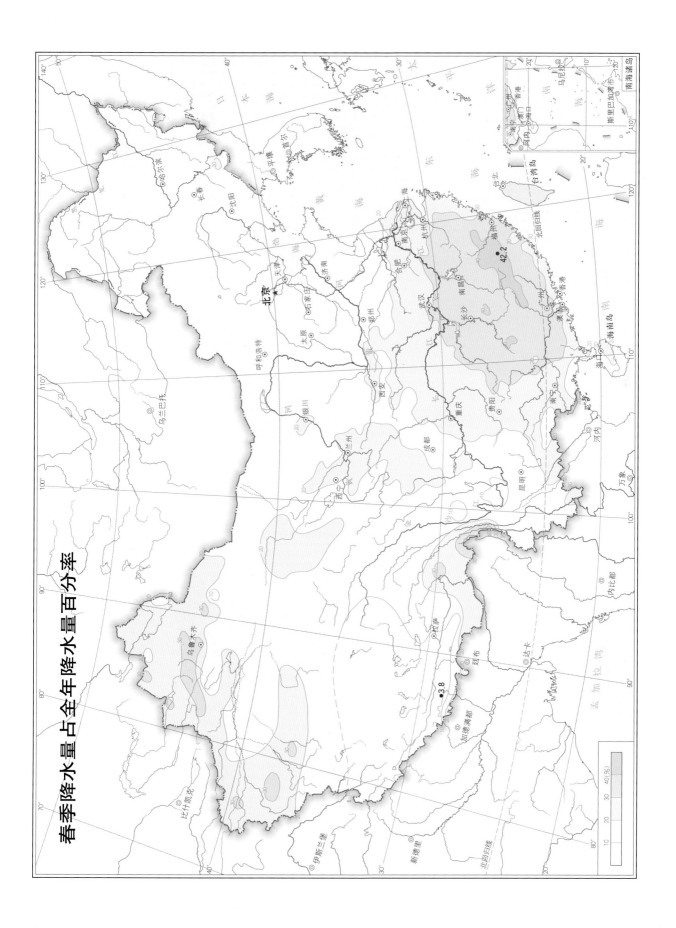

春季降水量占全年降水量百分率

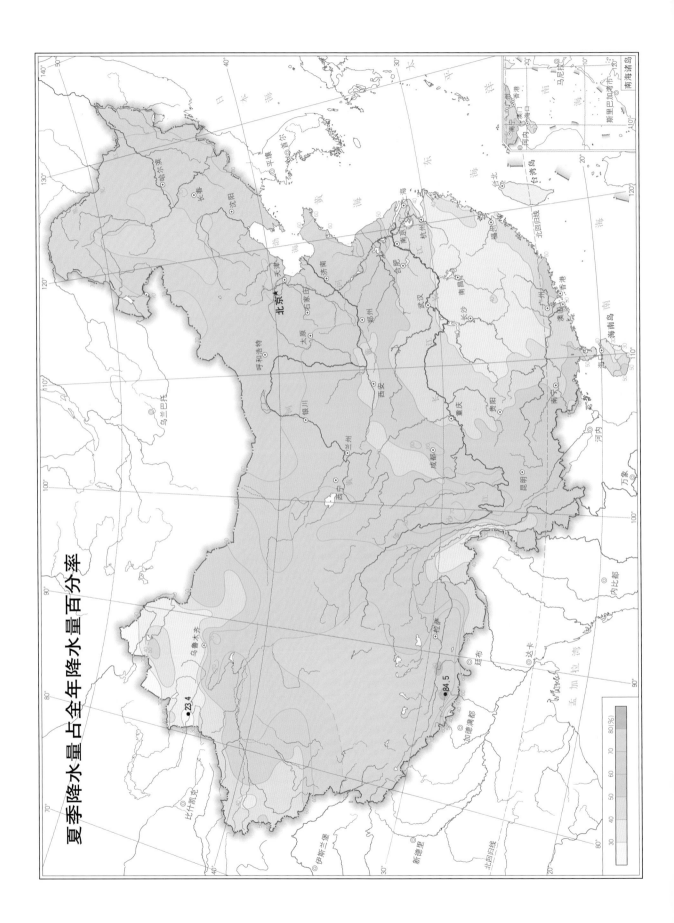

夏季降水量占全年降水量百分率

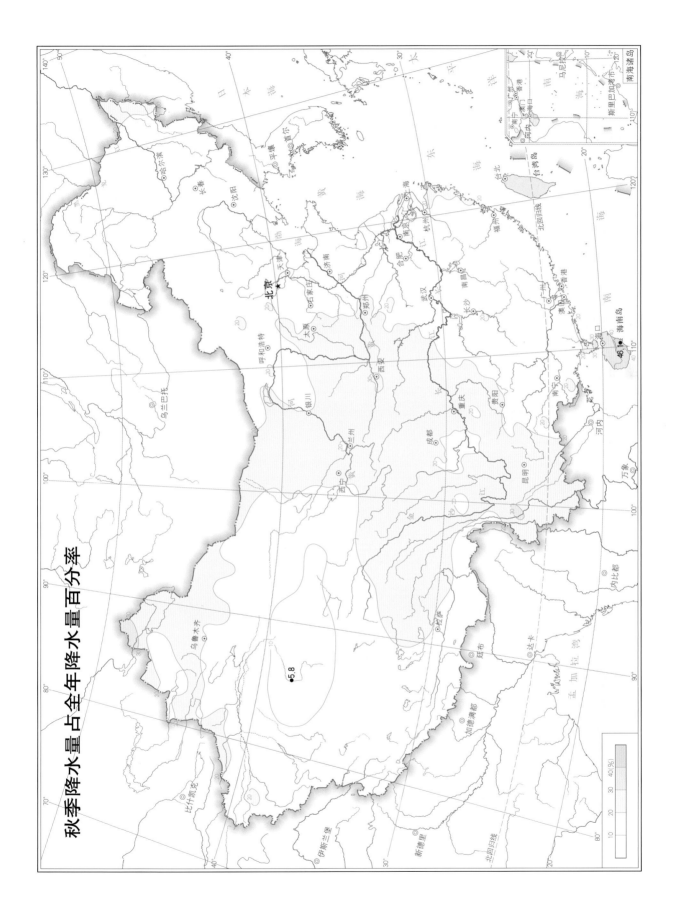

秋季降水量占全年降水量百分率

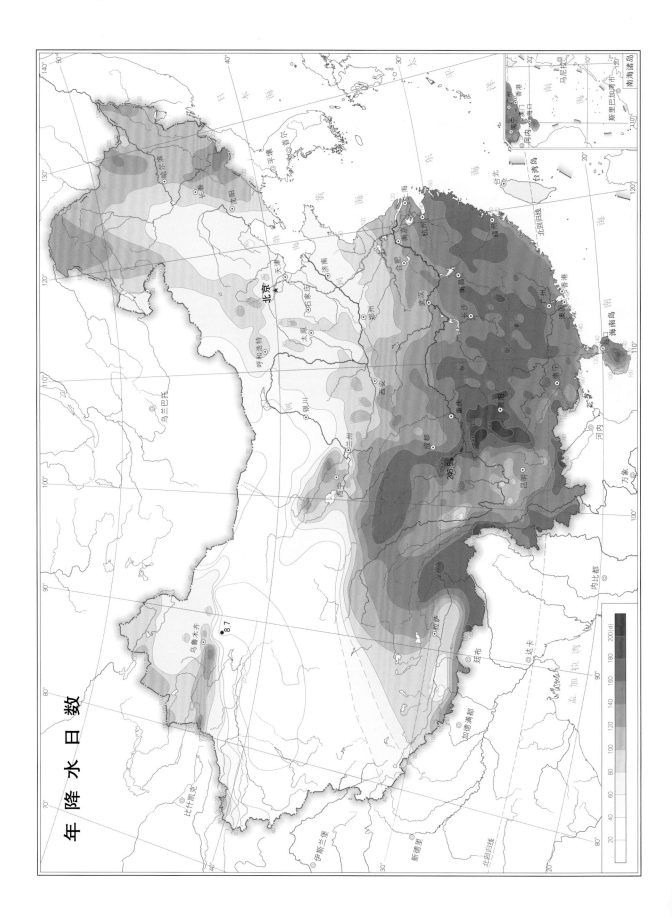

年 降 水 日 数

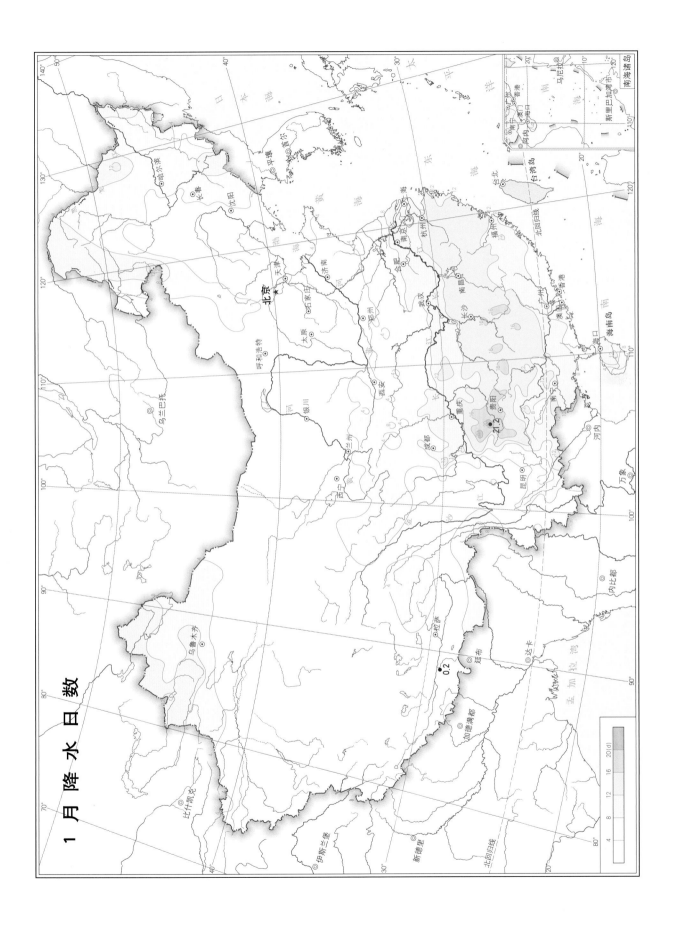

1 月 降 水 日 数

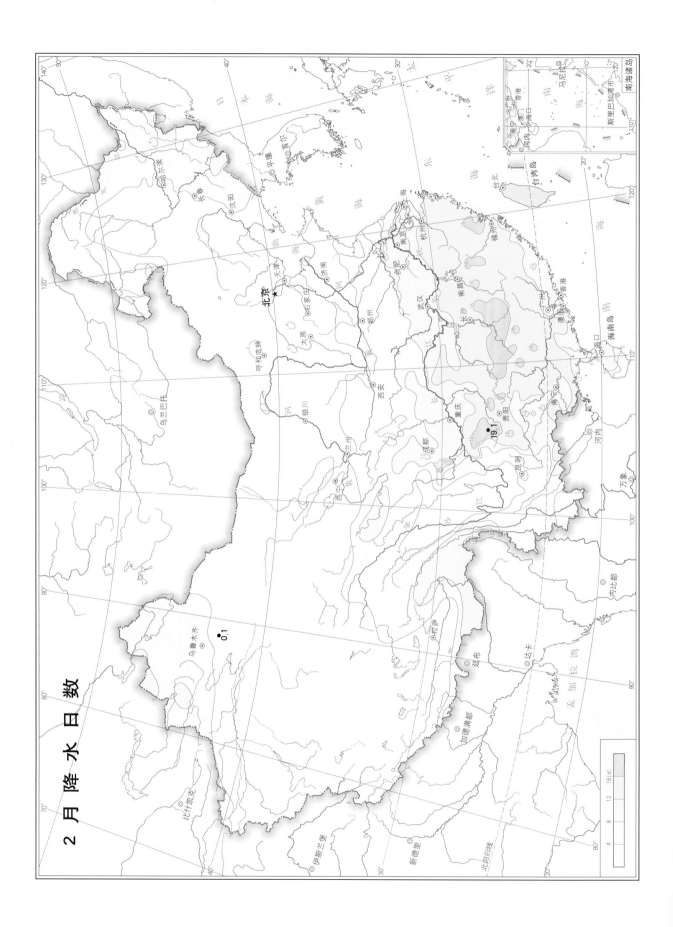

2 月 降 水 日 数

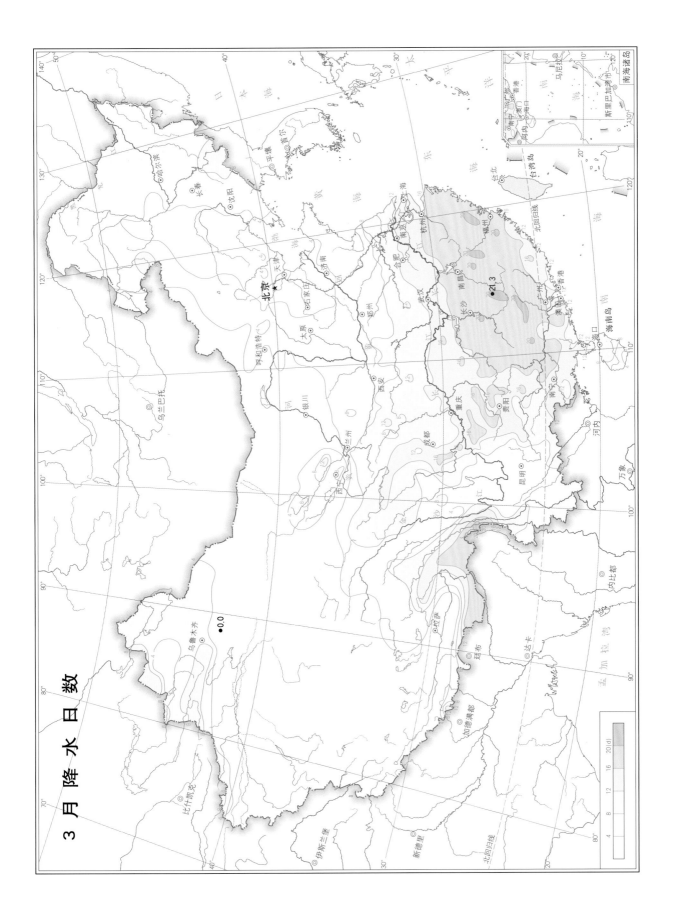

3 月 降 水 日 数

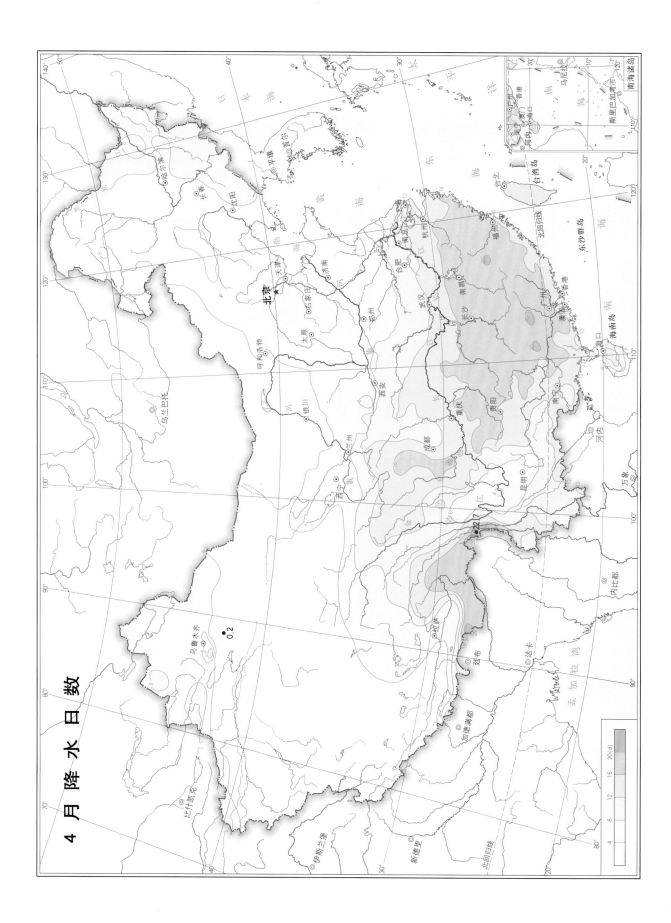

4 月 降 水 日 数

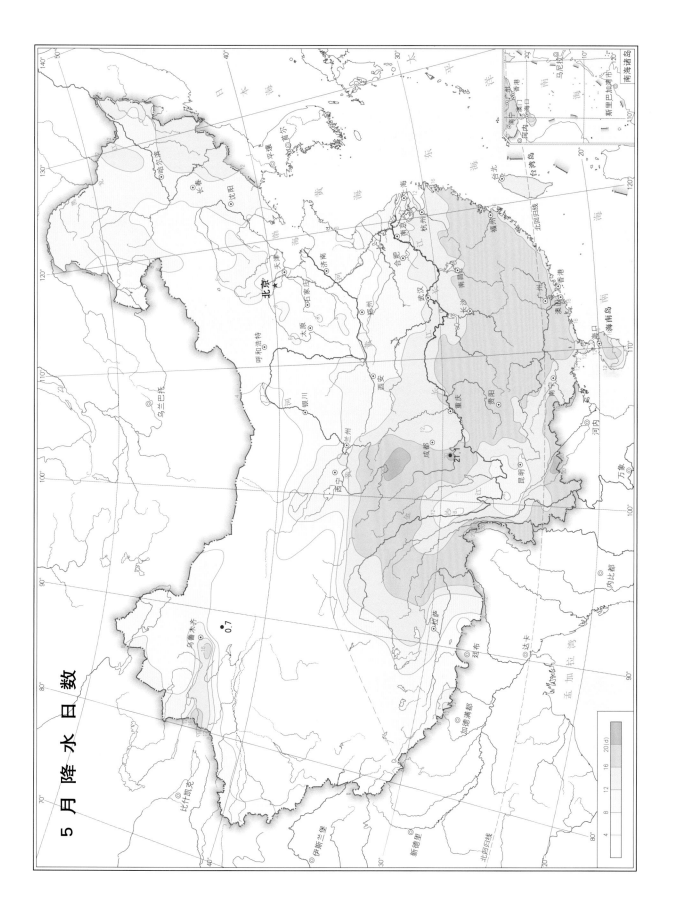

5 月 降 水 日 数

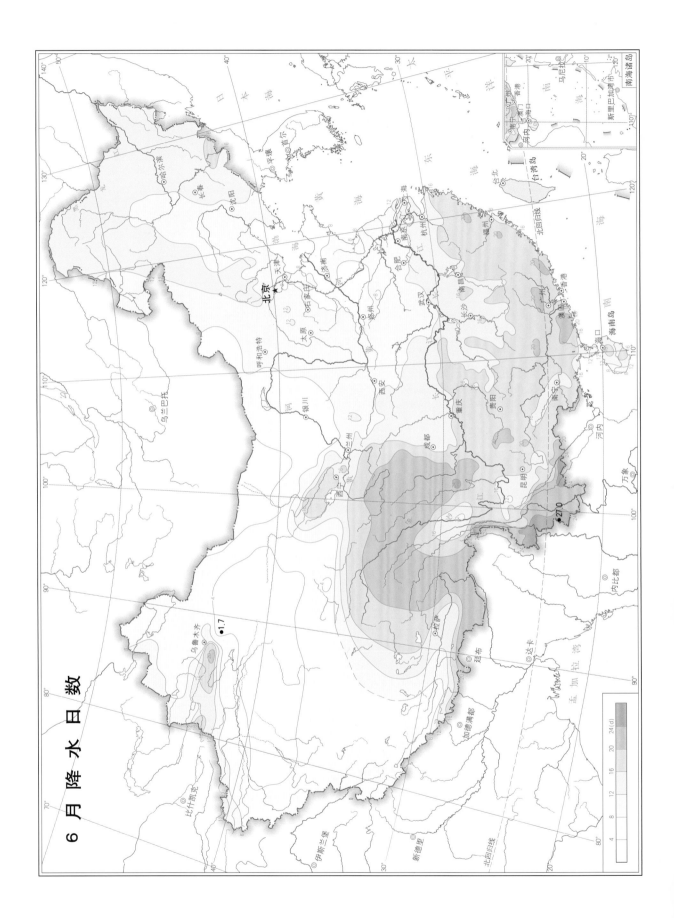

6 月 降 水 日 数

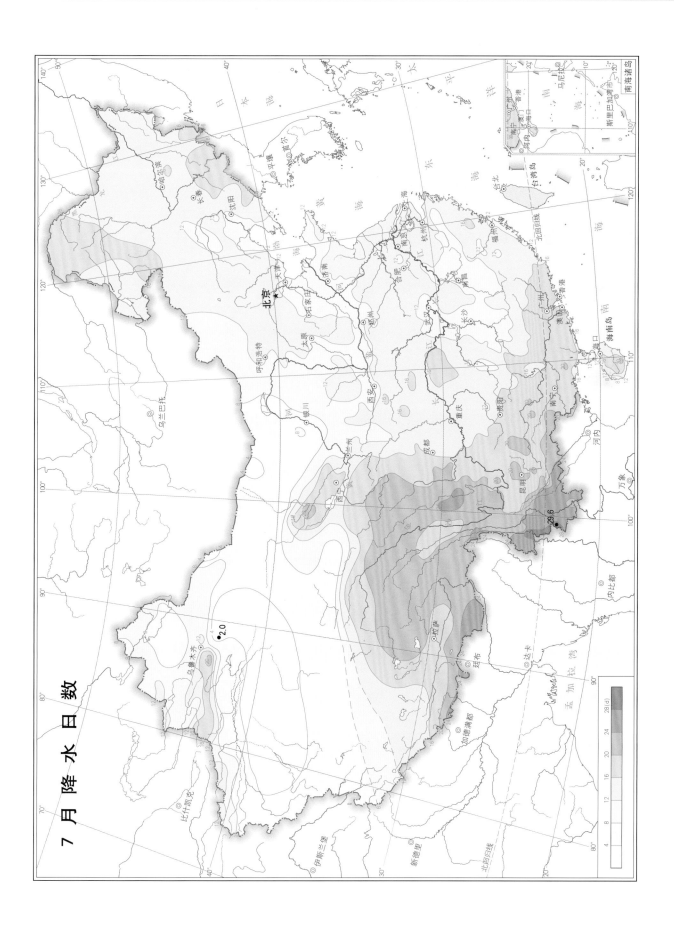

7 月 降 水 日 数

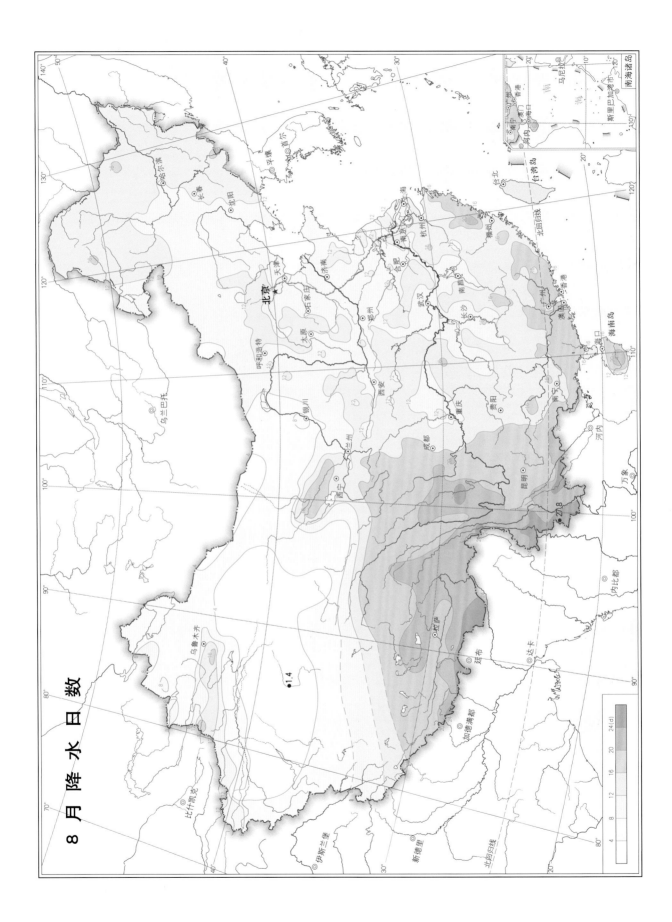

8 月 降 水 日 数

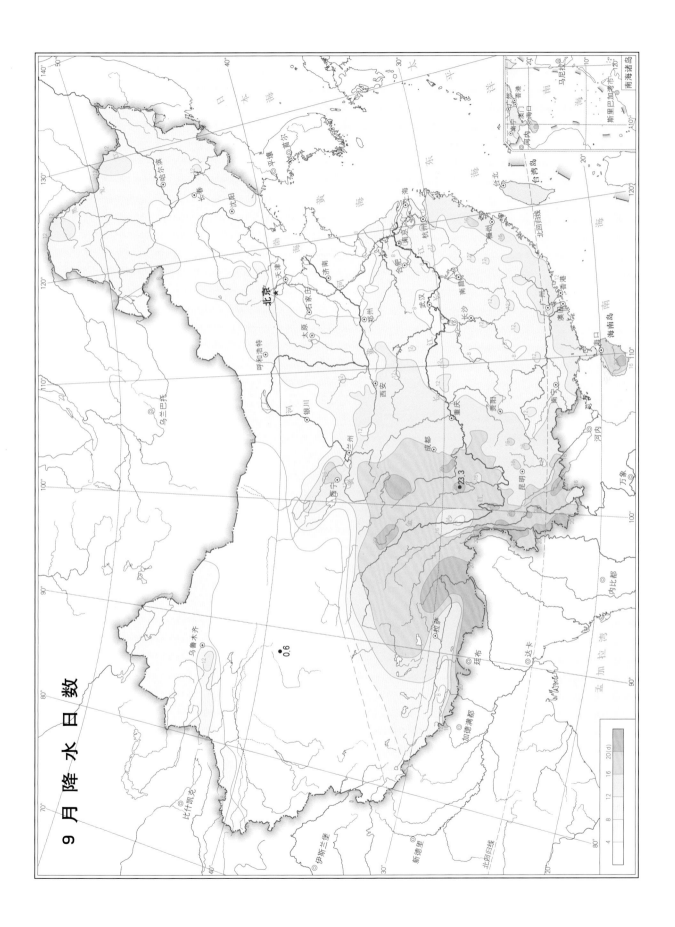

9 月 降 水 日 数

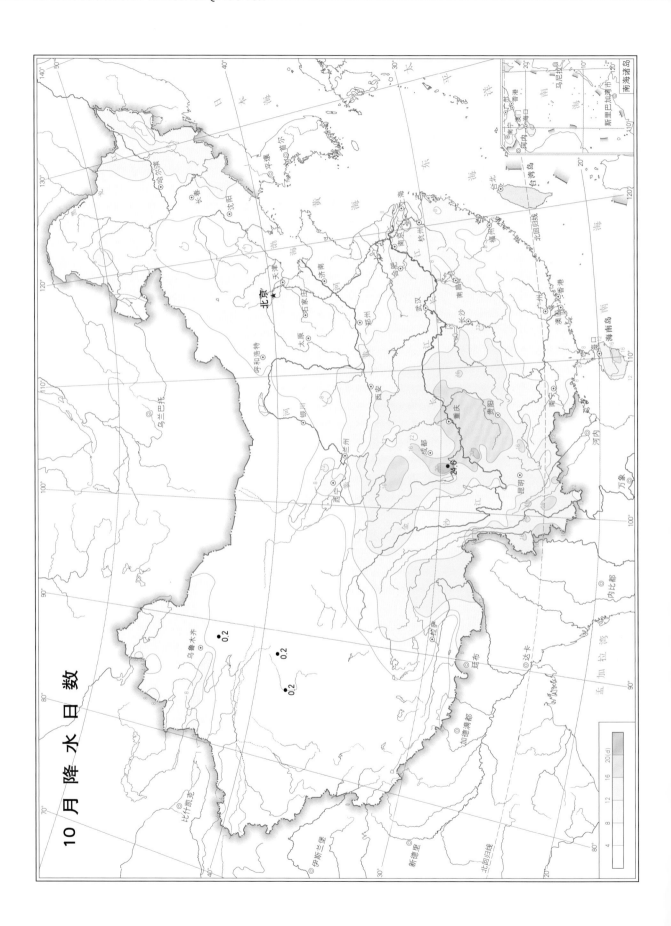

10 月 降 水 日 数

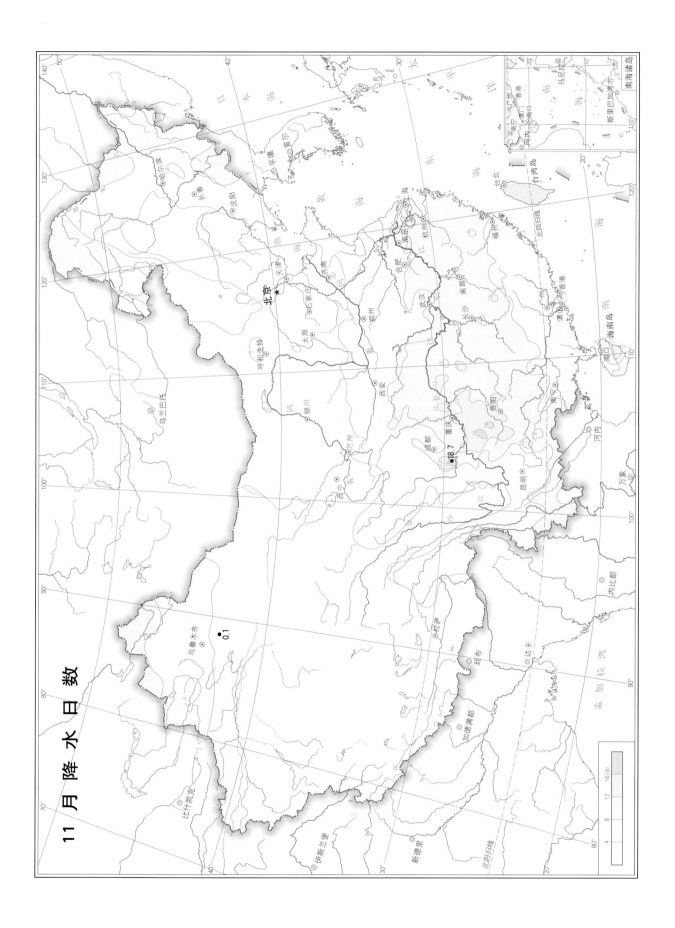

11 月 降 水 日 数

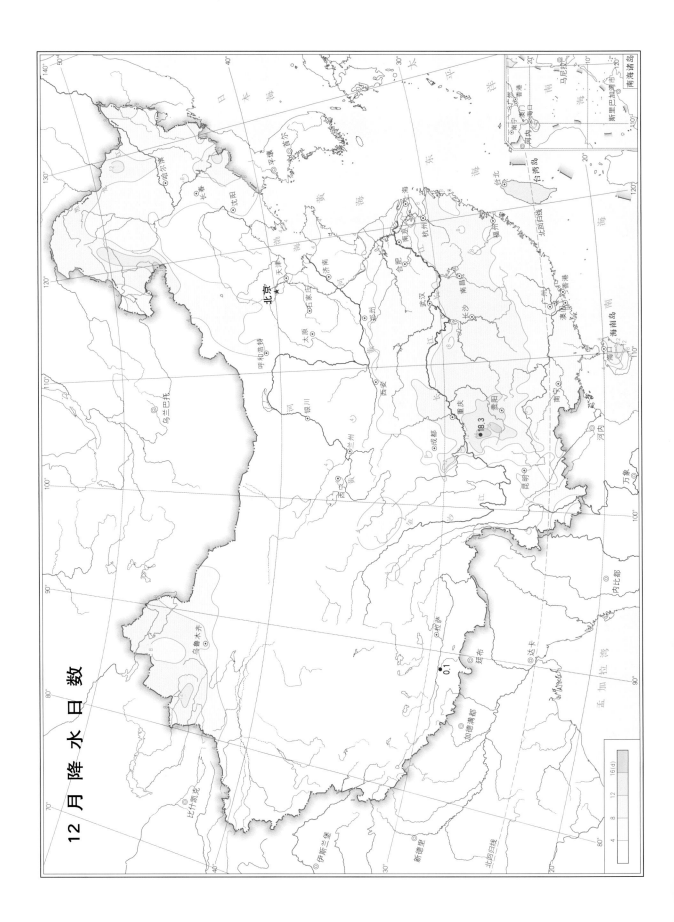

12 月 降 水 日 数

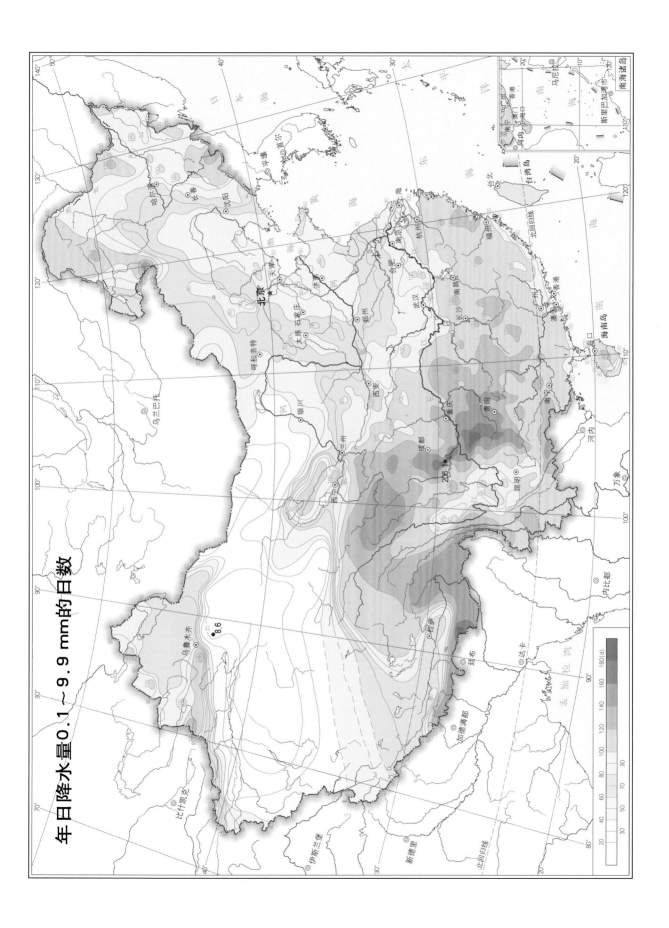

年日降水量0.1～9.9 mm的日数

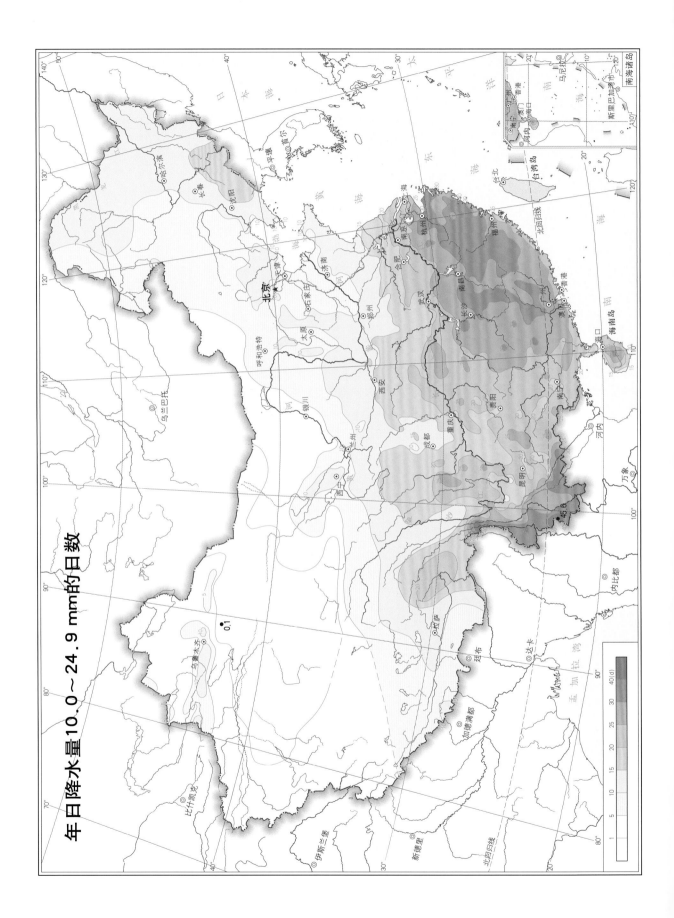

年日降水量10.0～24.9 mm的日数

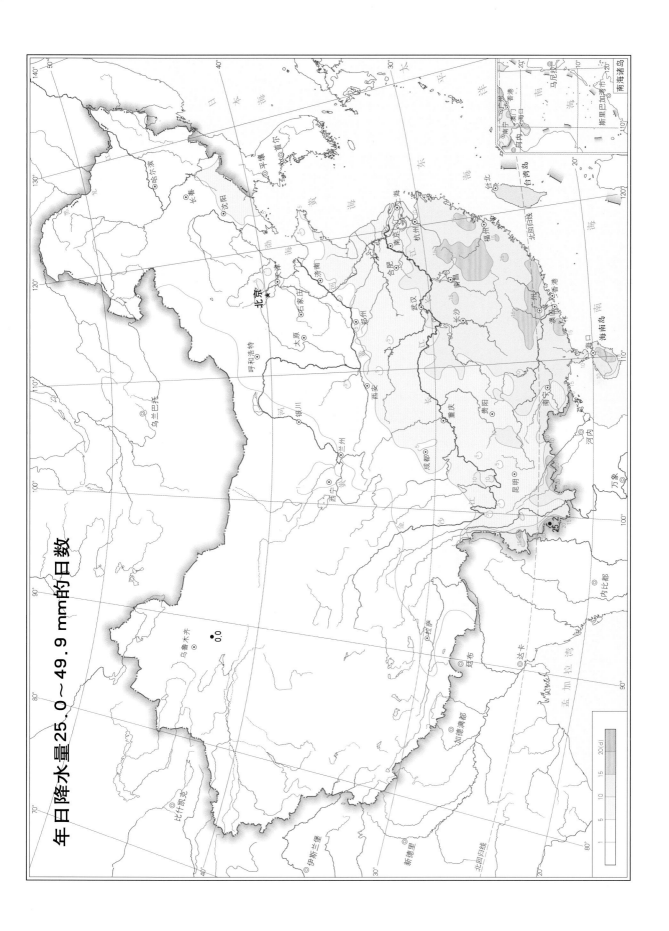

年日降水量25.0~49.9 mm的日数

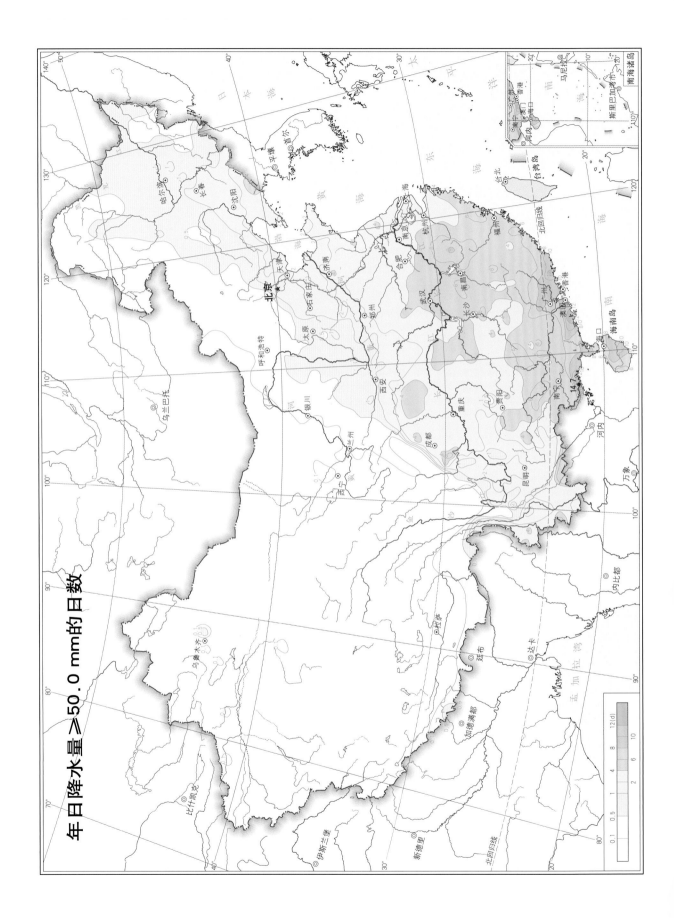

年日降水量≥50.0 mm的日数

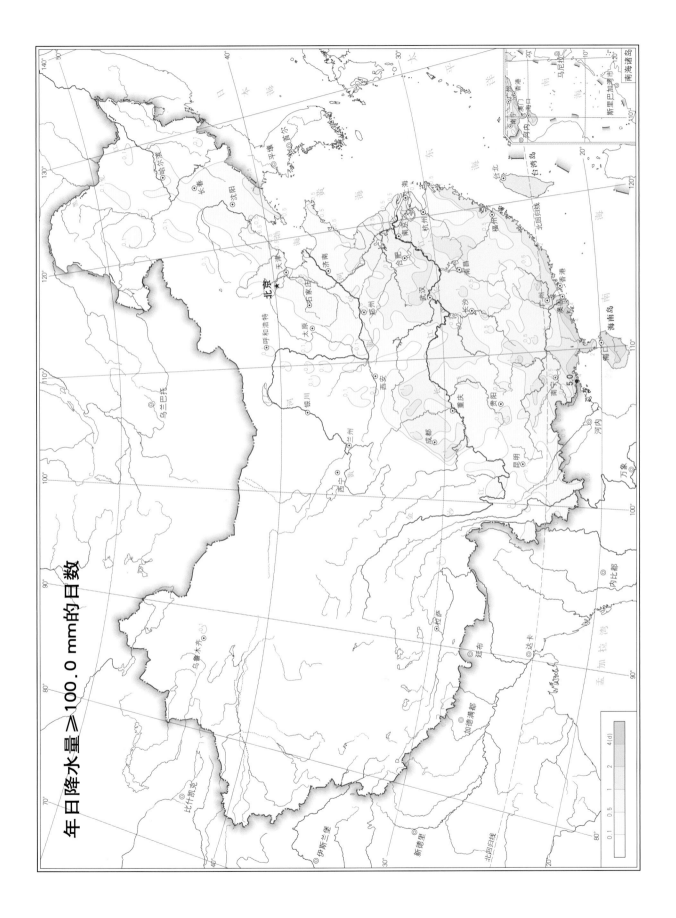

年日降水量≥100.0 mm的日数

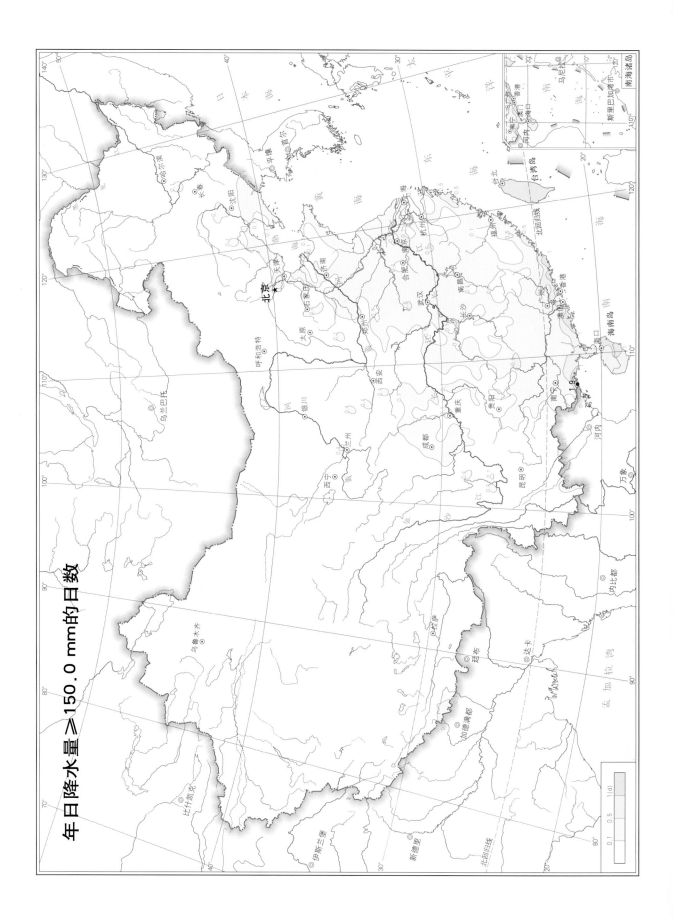

年日降水量≥150.0 mm的日数

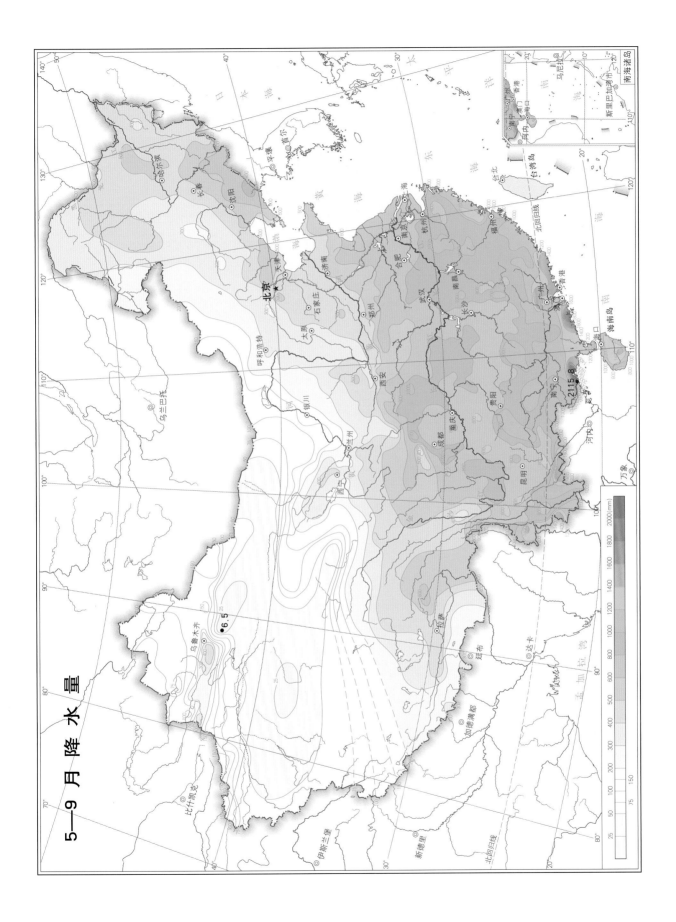

5—9 月 降 水 量

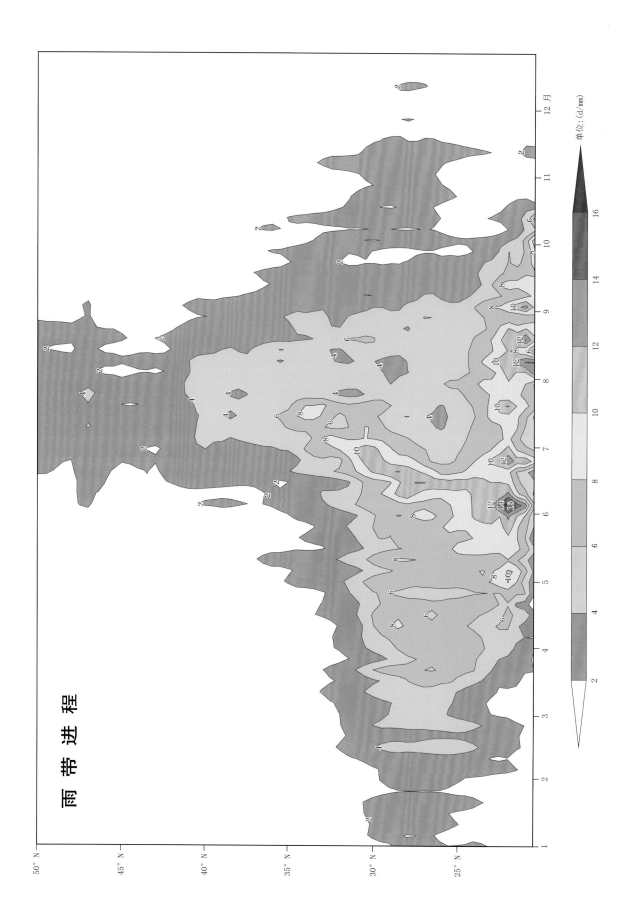

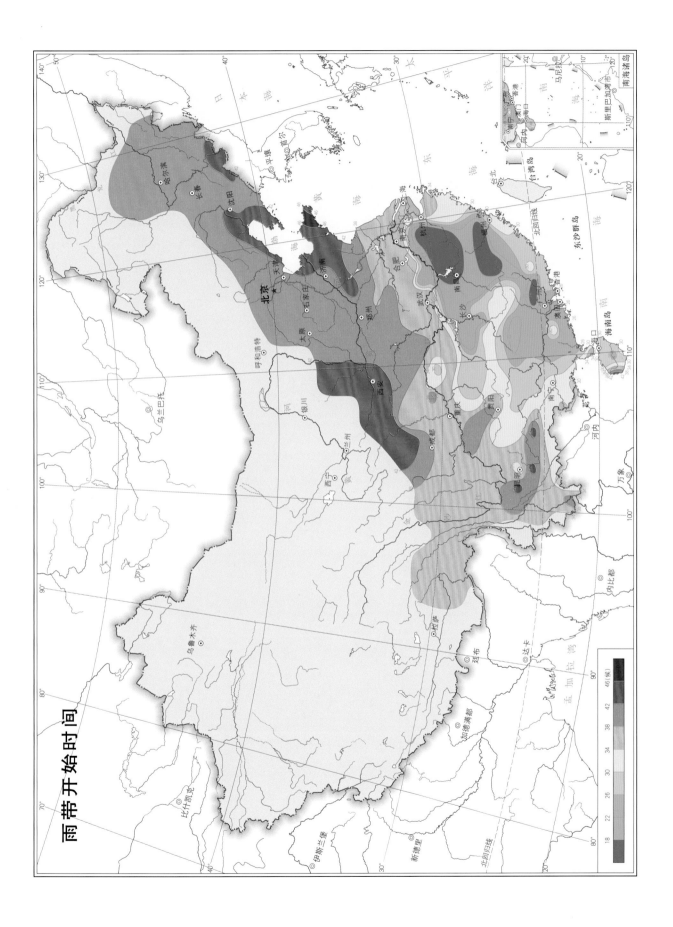

雨带开始时间

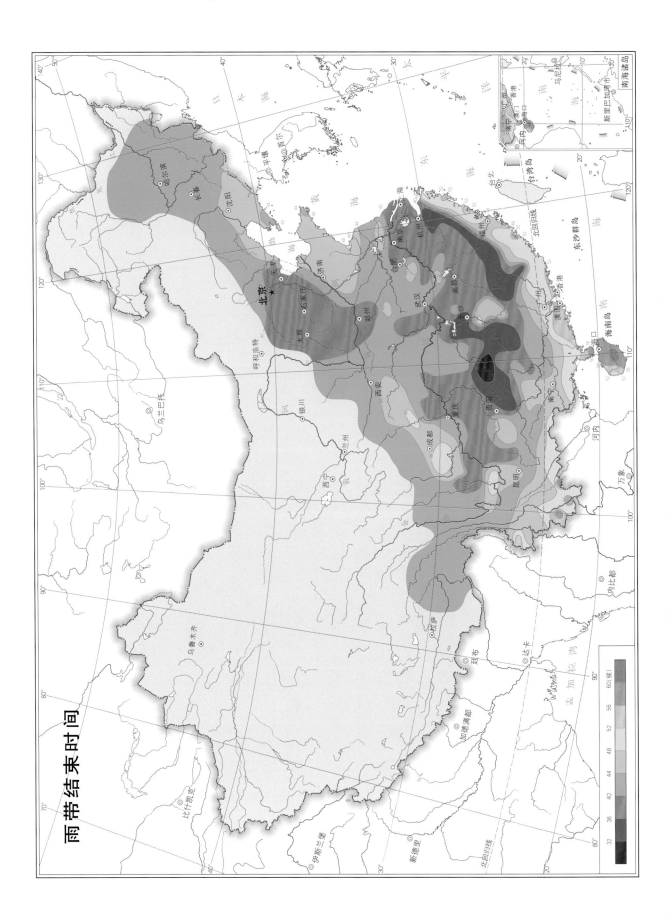

雨带结束时间

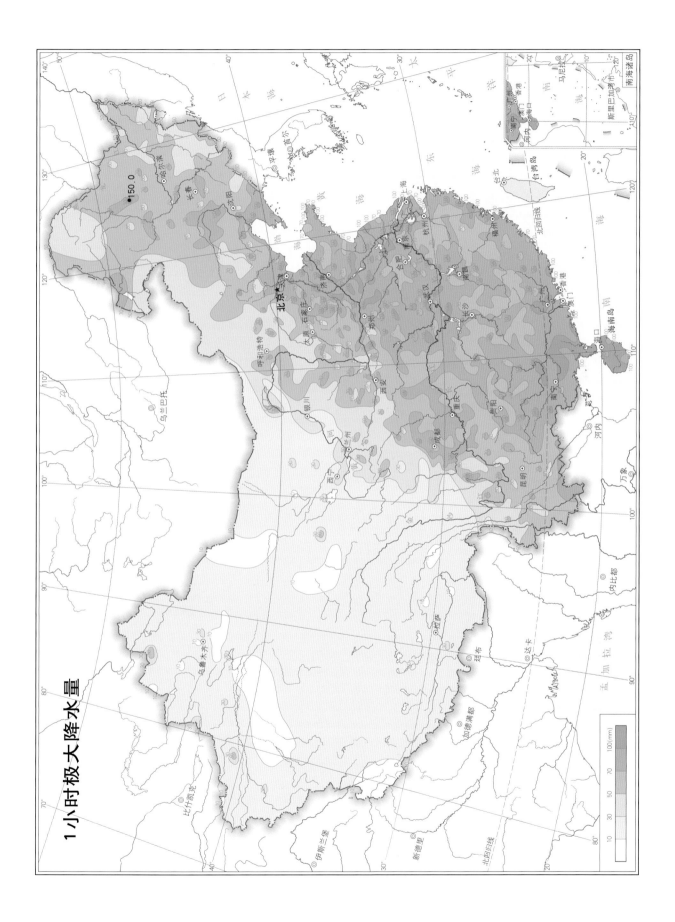

1小时极大降水量

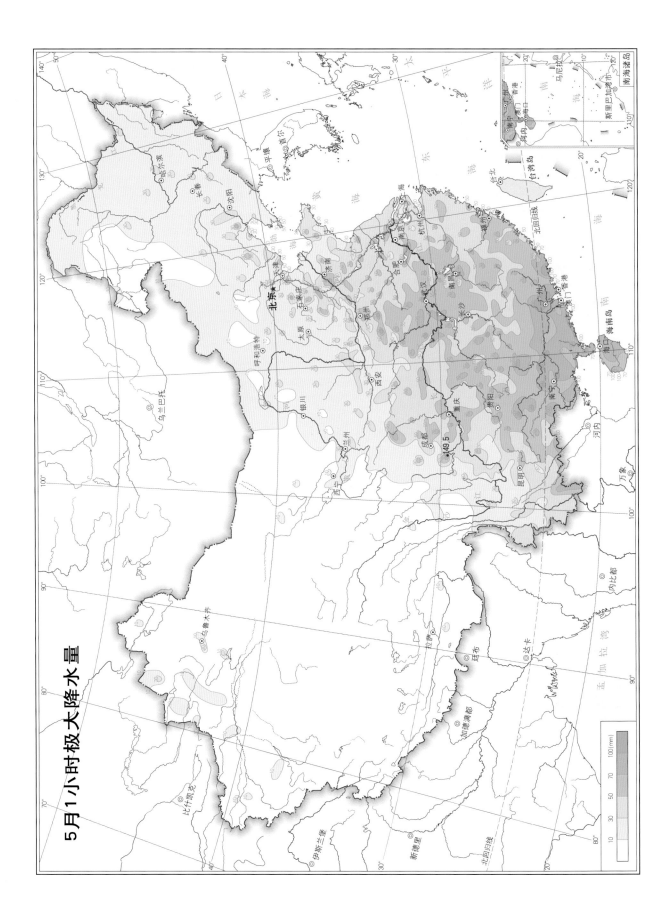

5月1小时极大降水量

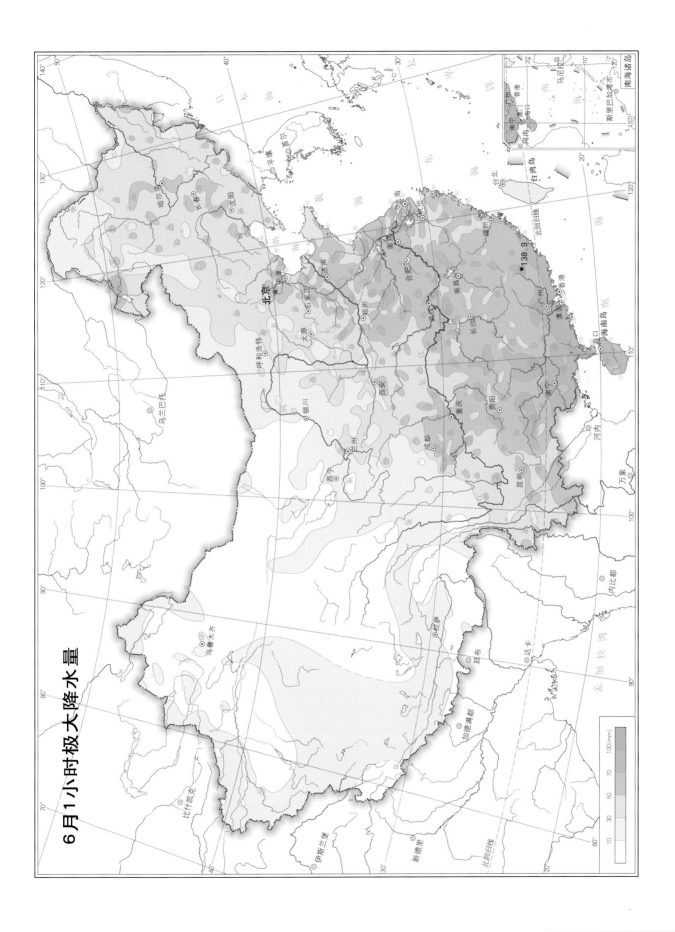

6月1小时极大降水量

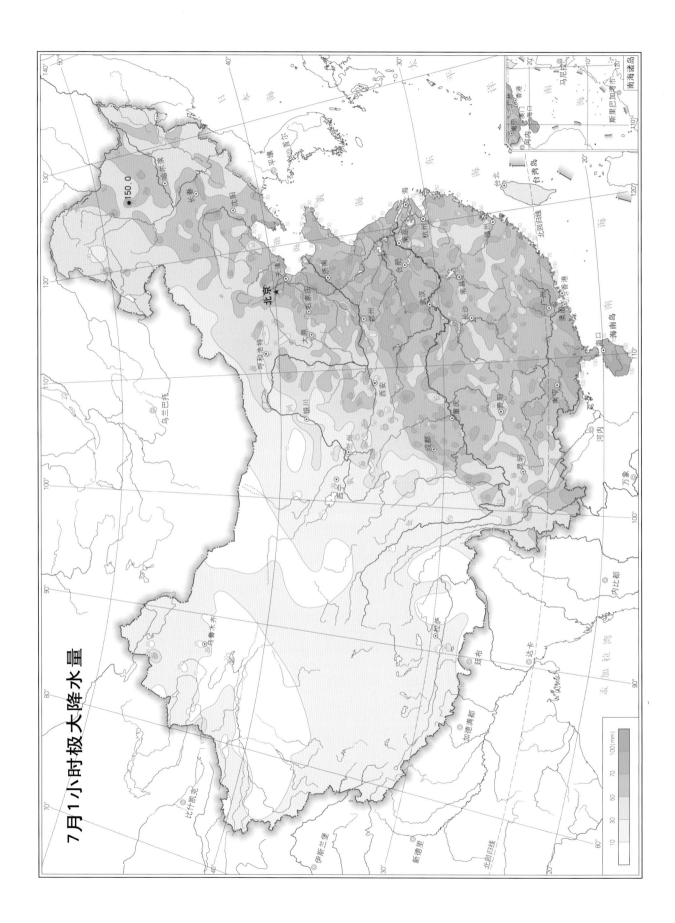

7月1小时极大降水量

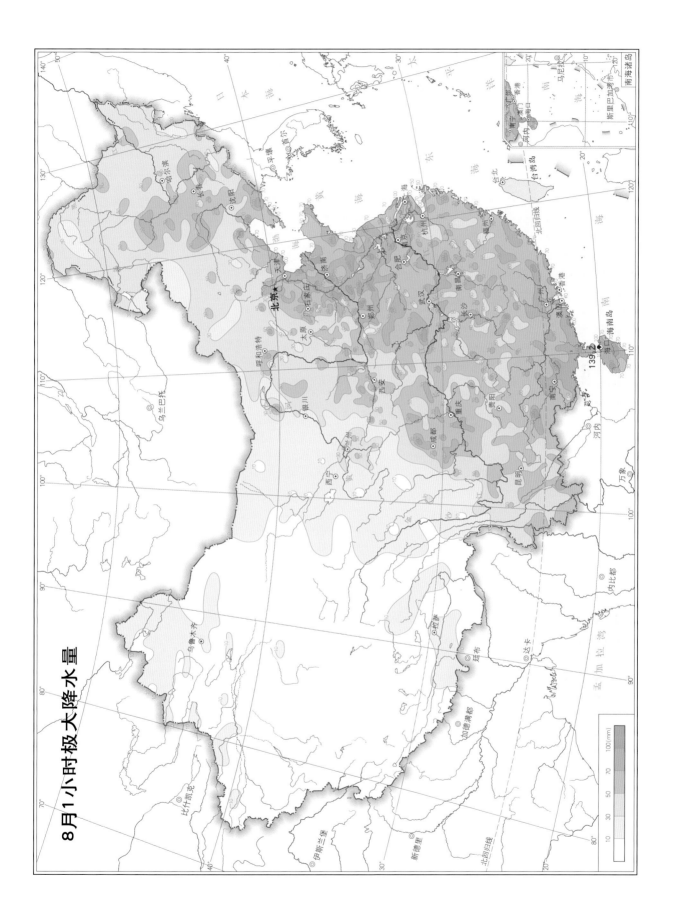

8月1小时极大降水量

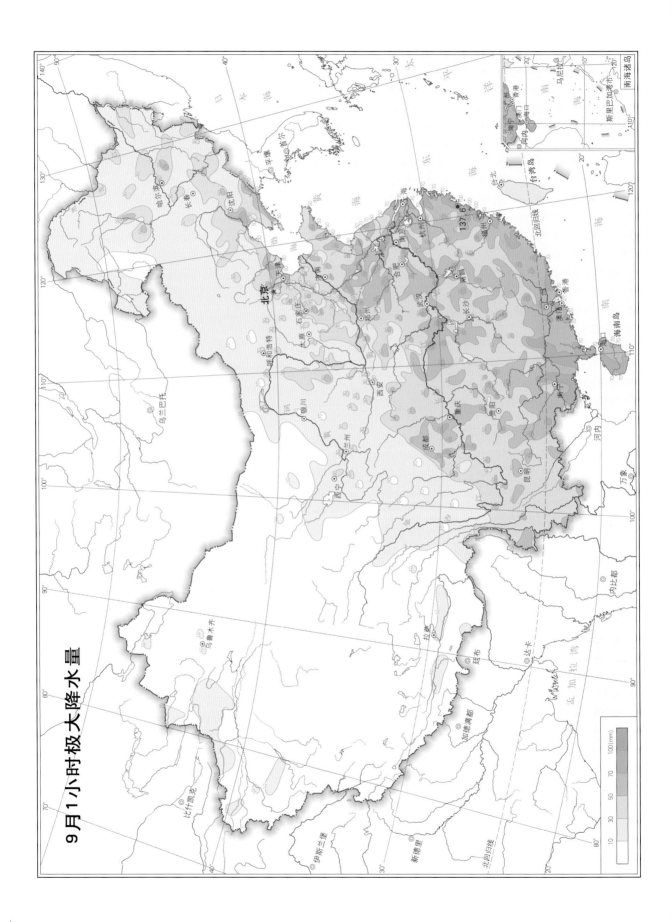

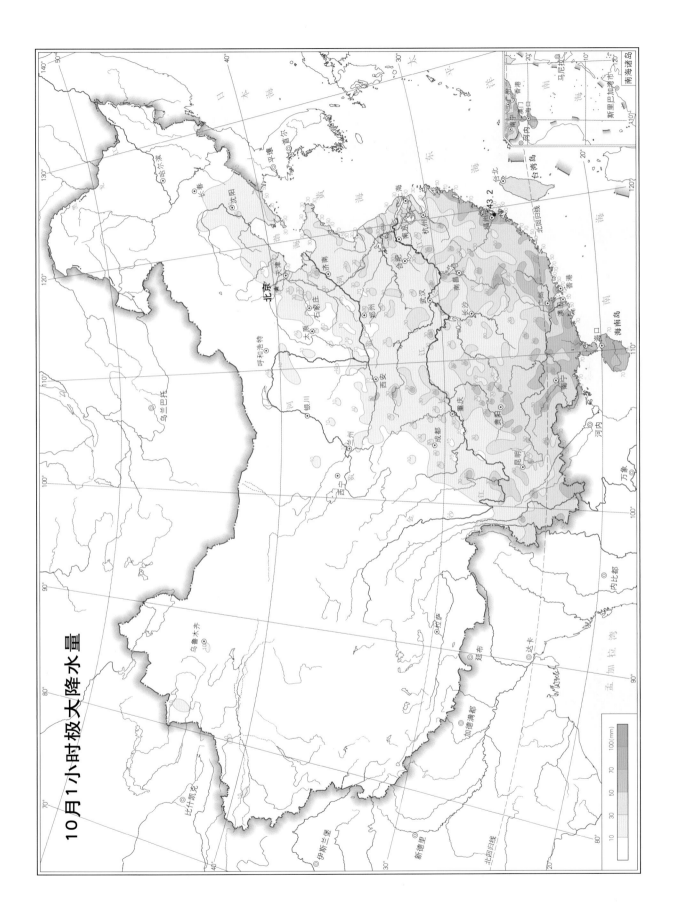

10月1小时极大降水量

51

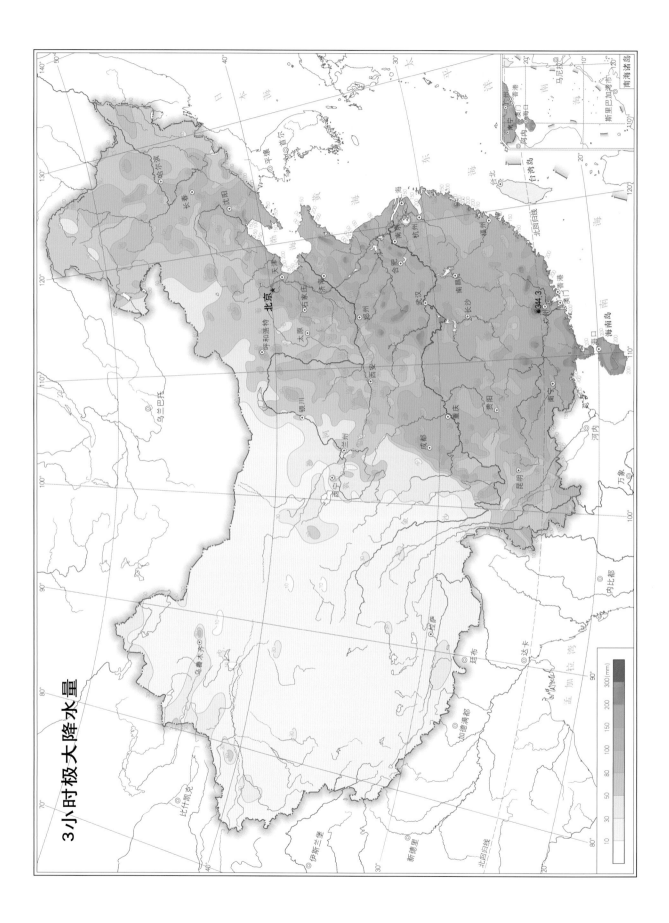

3小时极大降水量

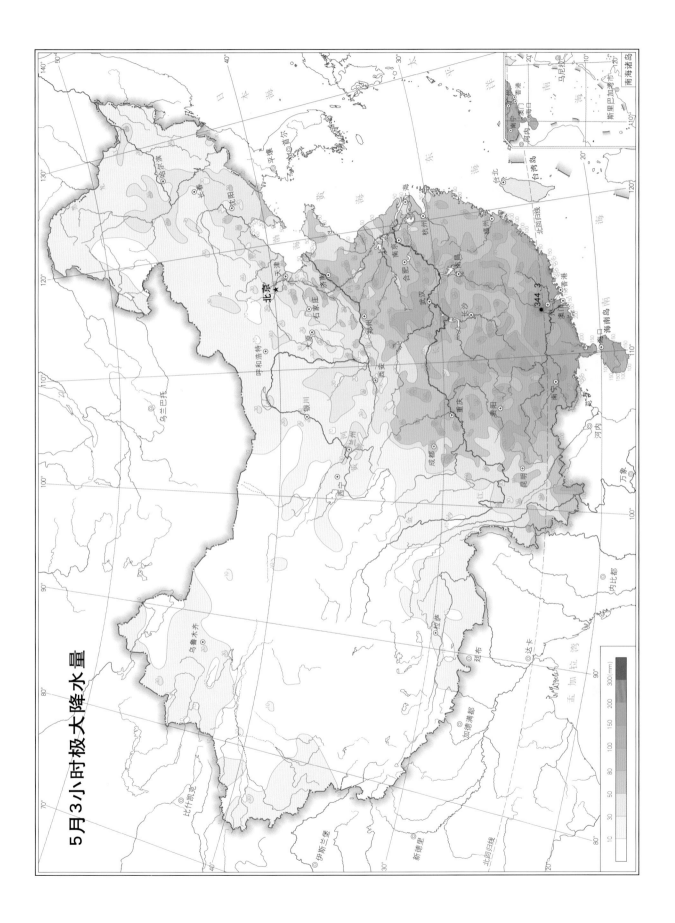

5月3小时极大降水量

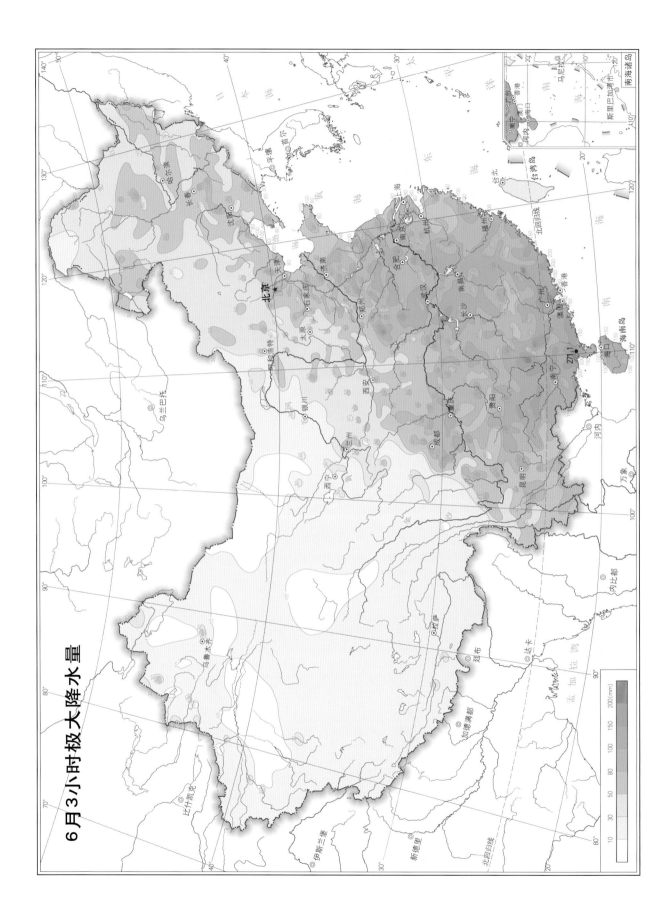

6月3小时极大降水量

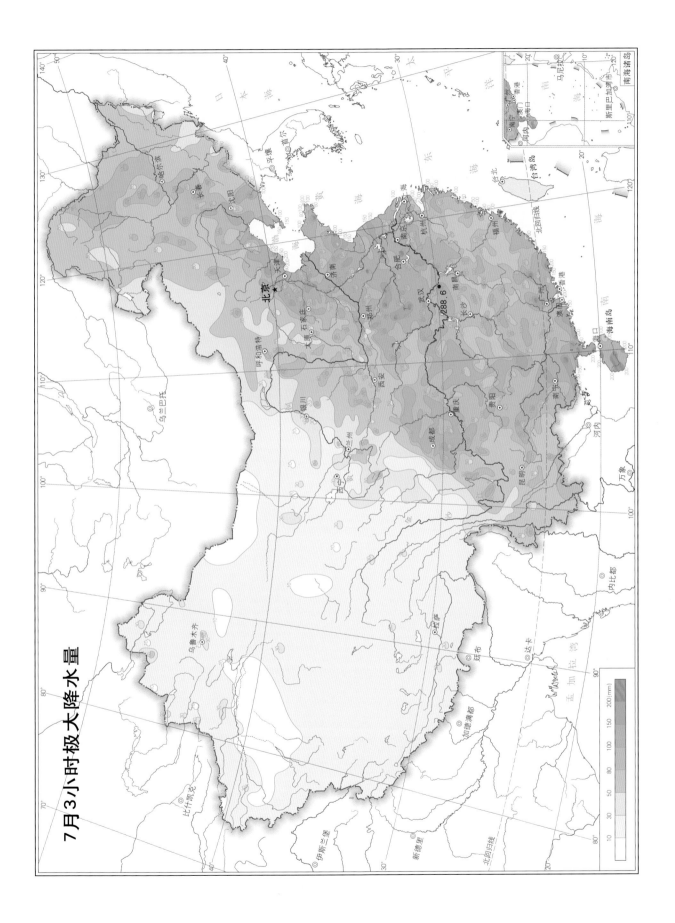

7月3小时极大降水量

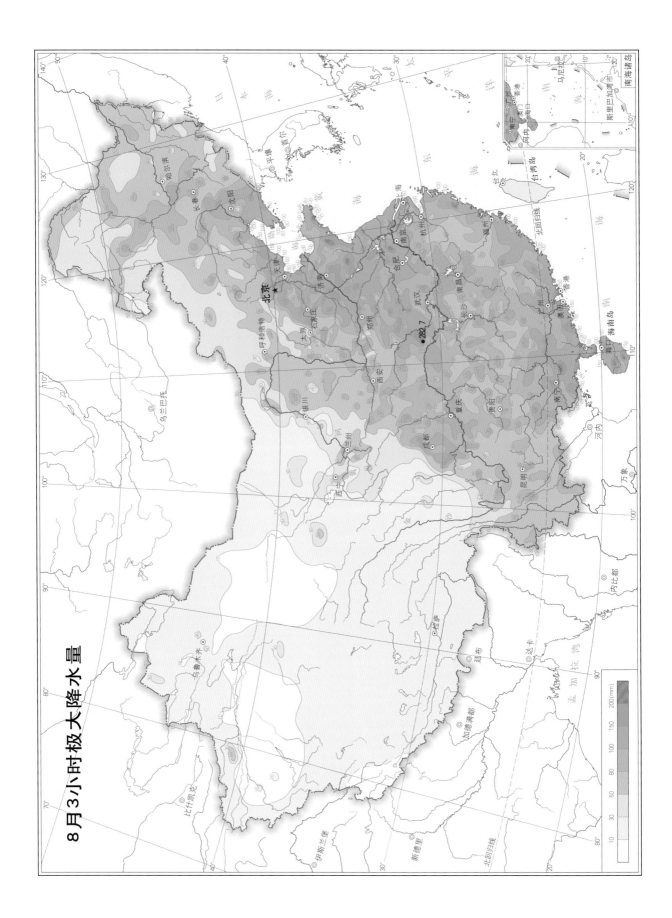

8月3小时极大降水量

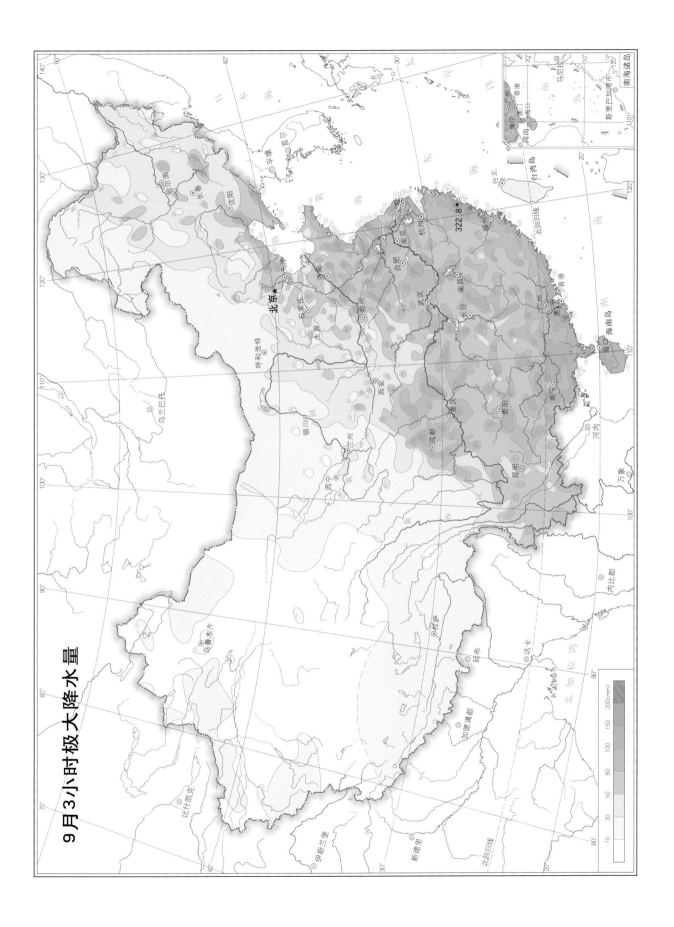

9月3小时极大降水量

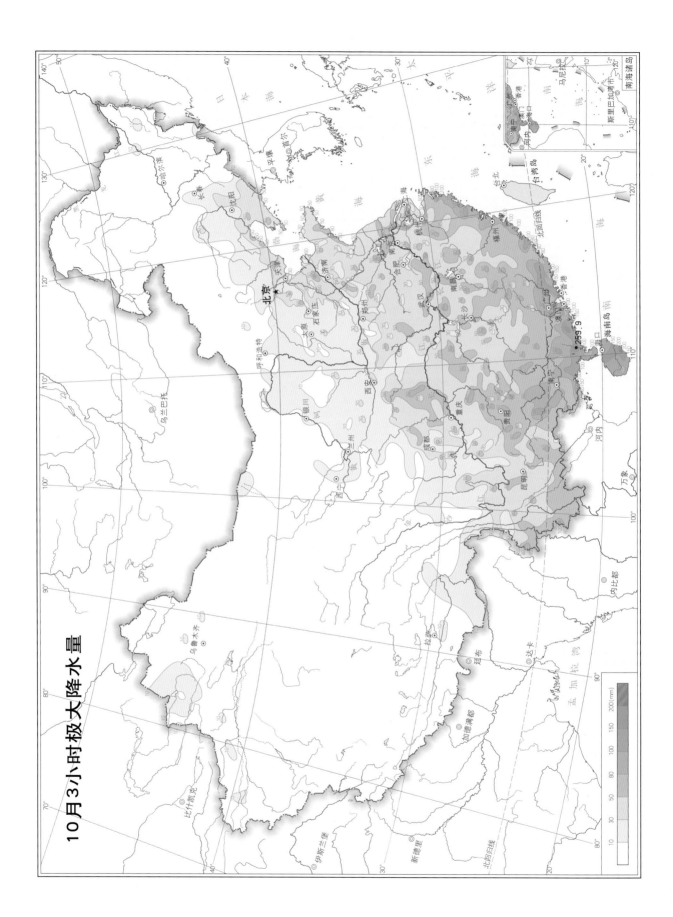

10月3小时极大降水量

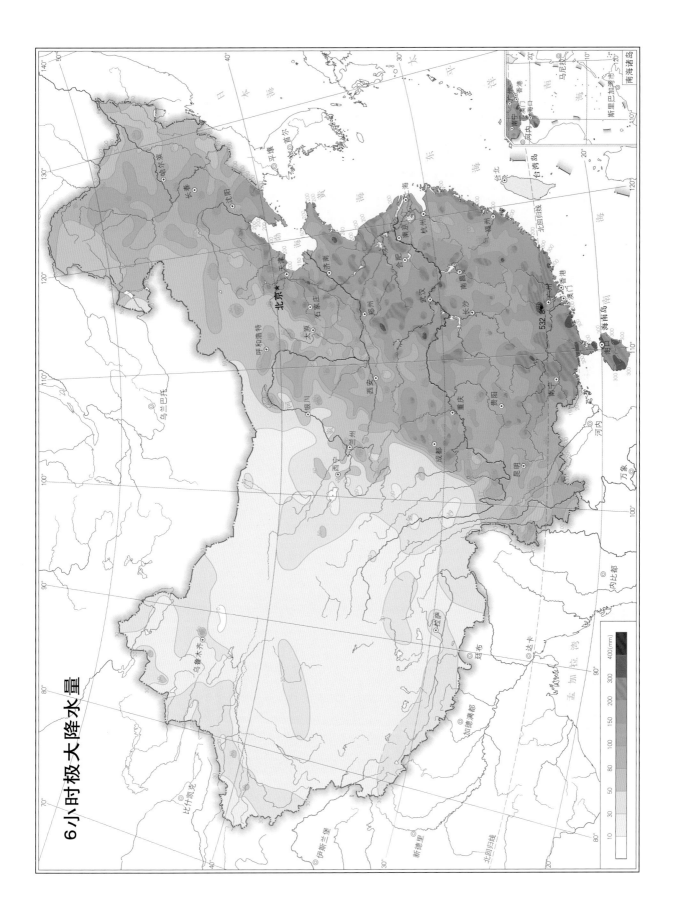

6小时极大降水量

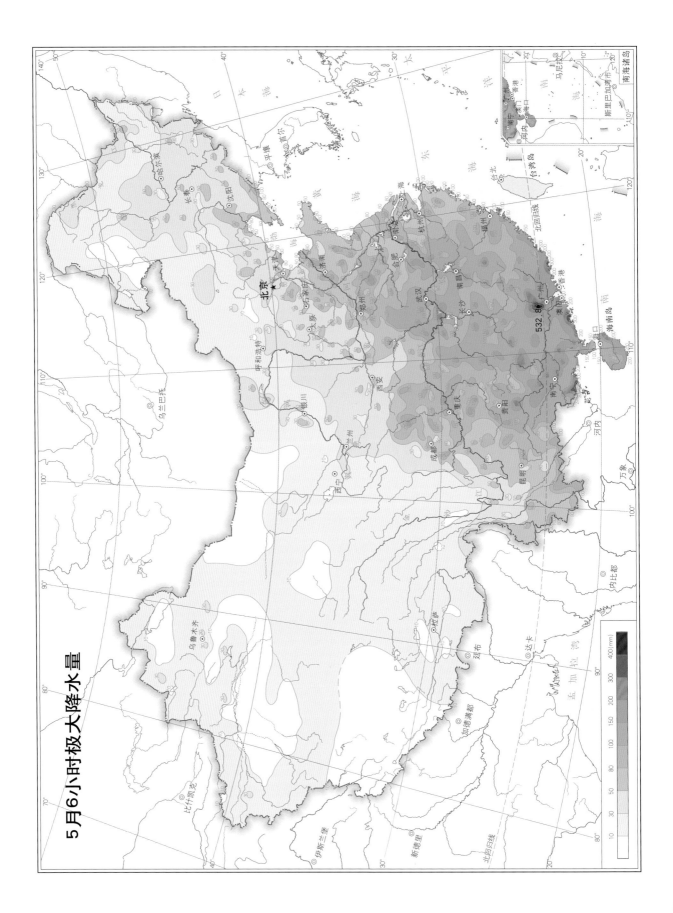

5月6小时极大降水量

532.8

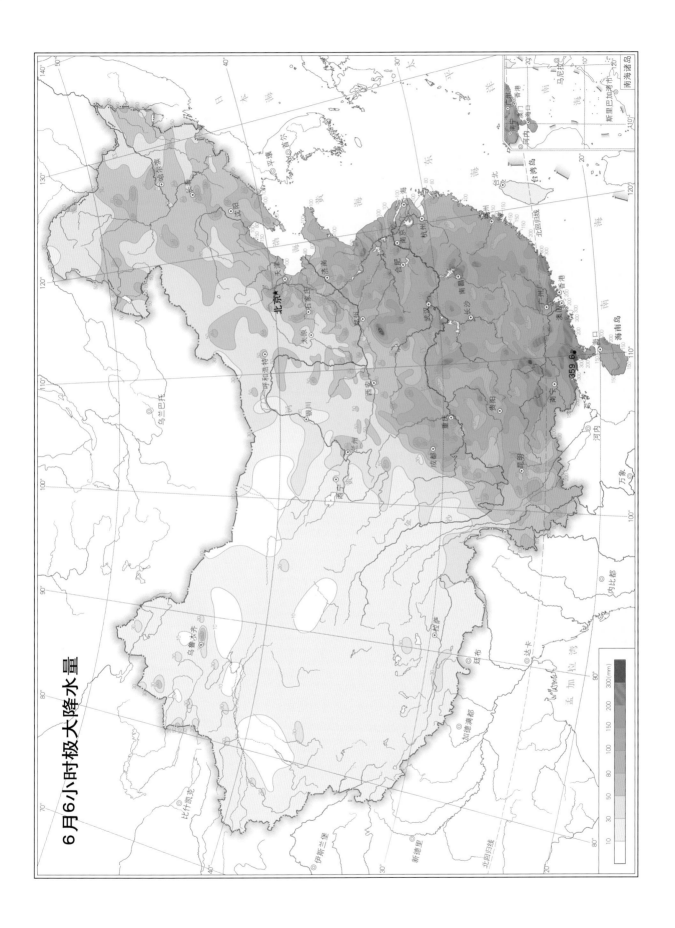

6月6小时极大降水量

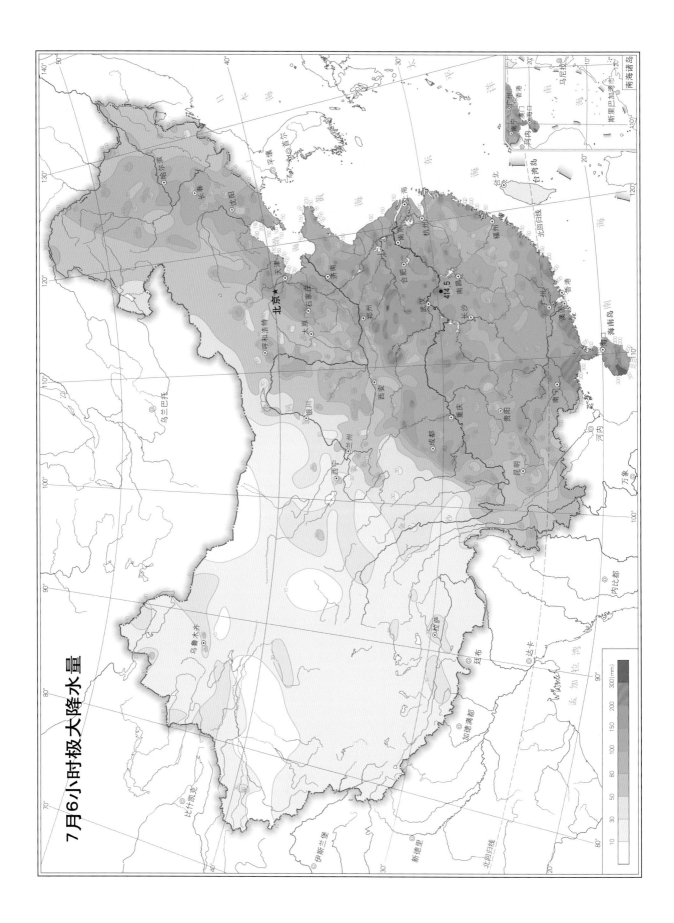

7月6小时极大降水量

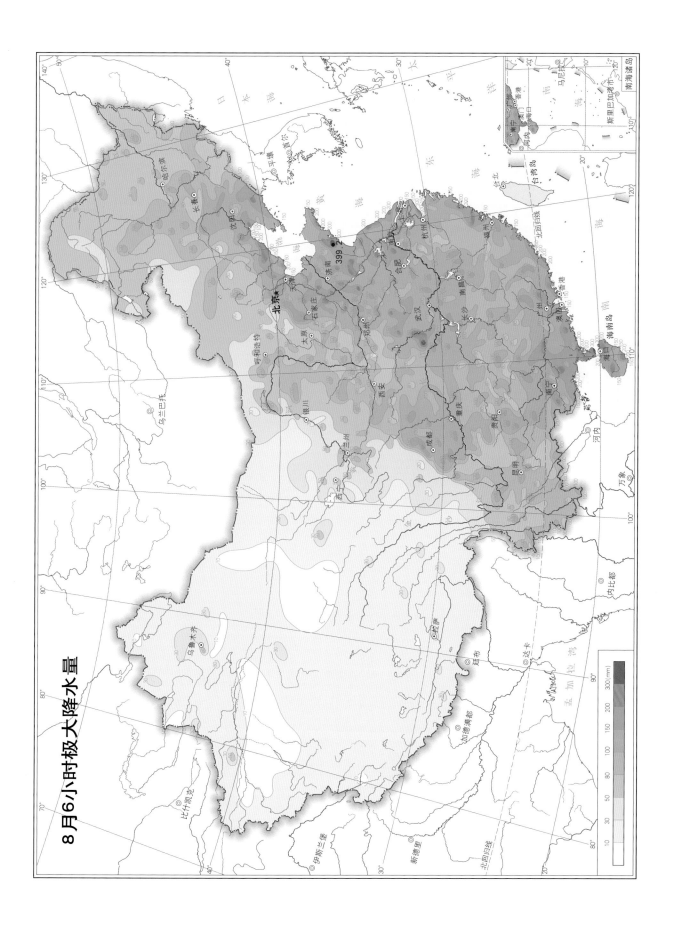

8月6小时极大降水量

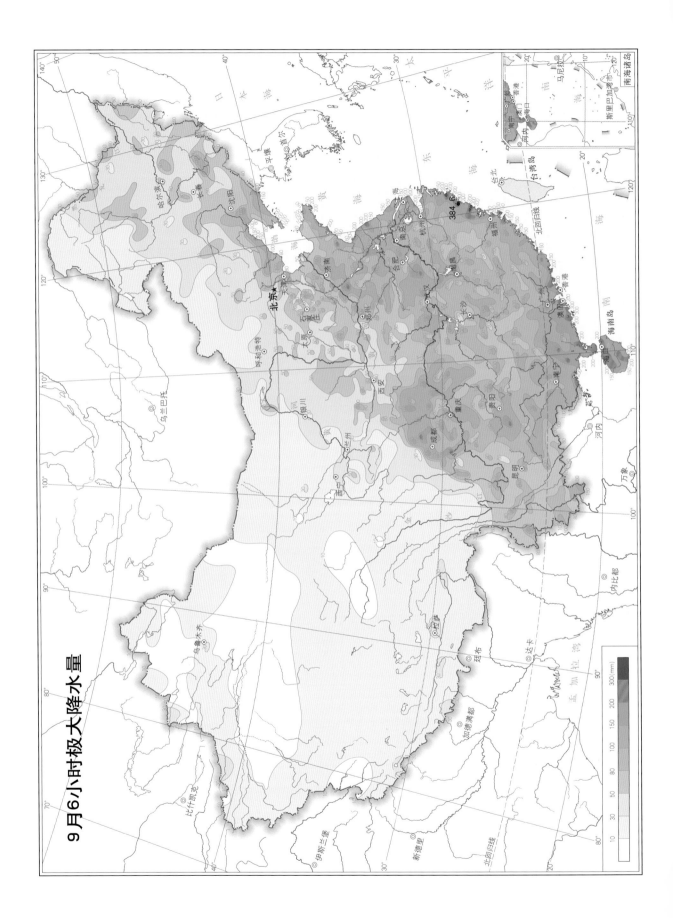

9月6小时极大降水量

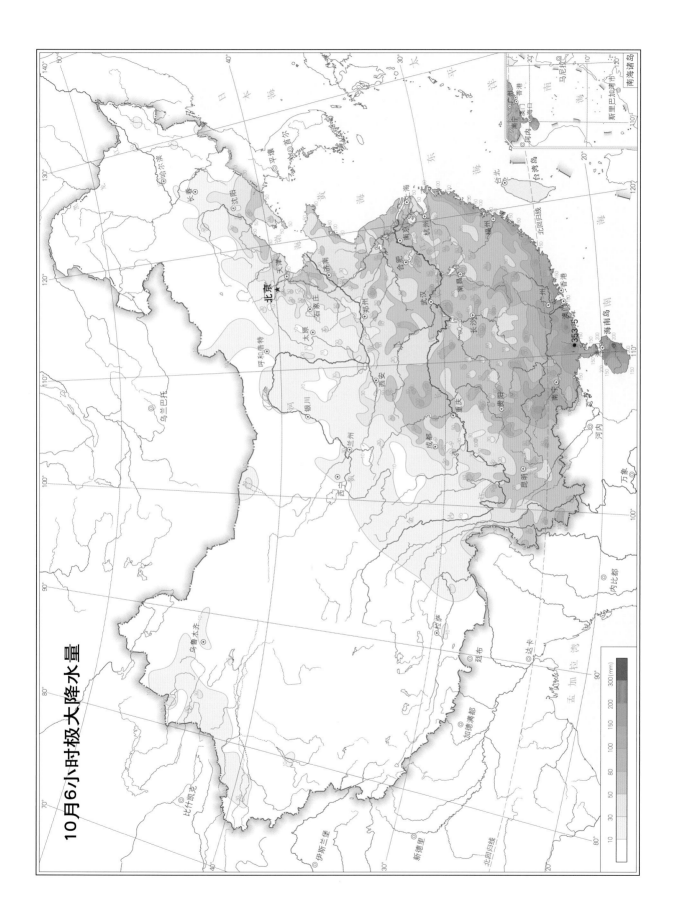

10月6小时极大降水量

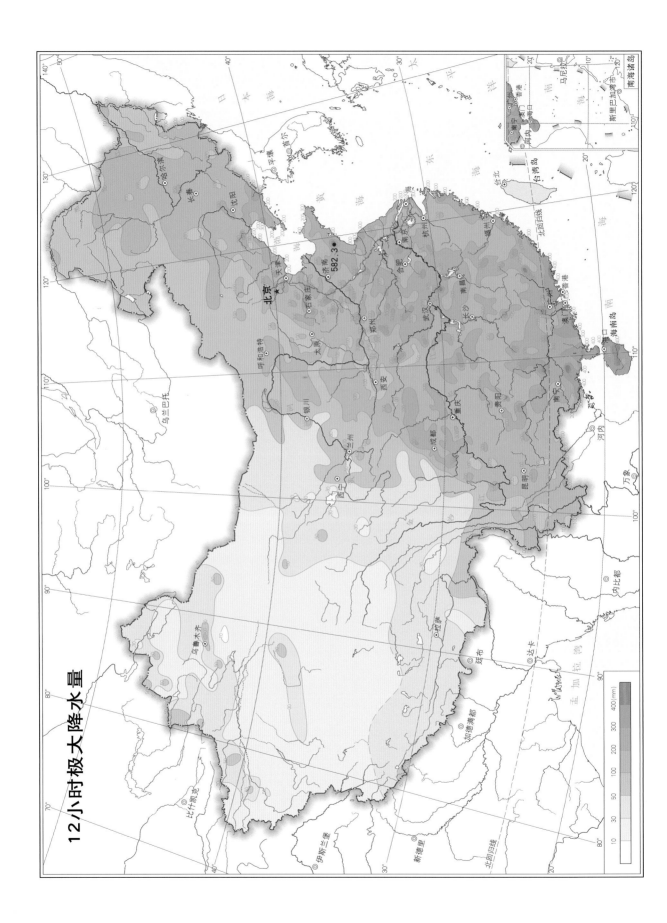

12小时极大降水量

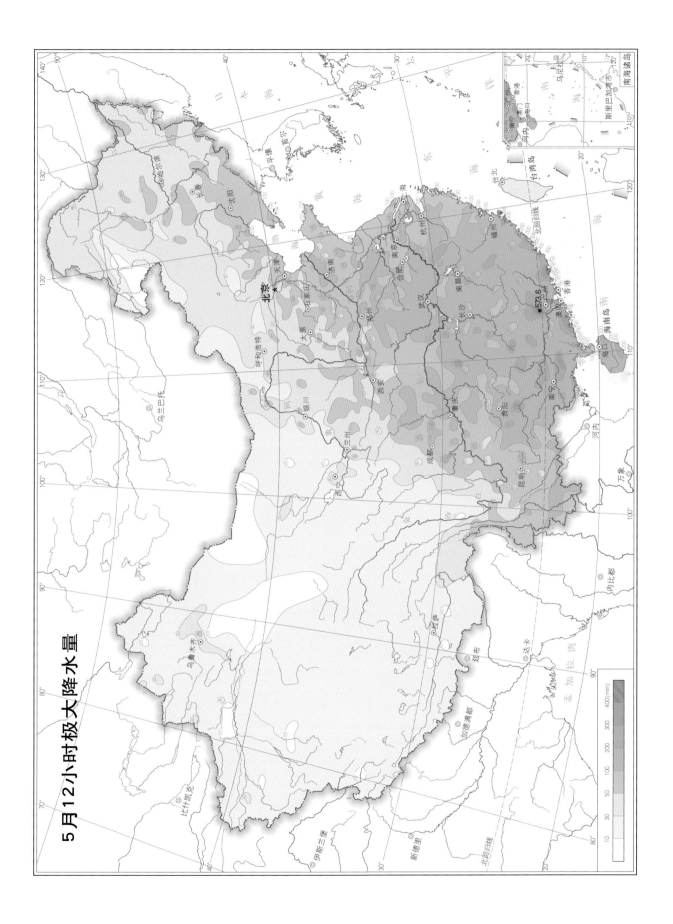

5月12小时极大降水量

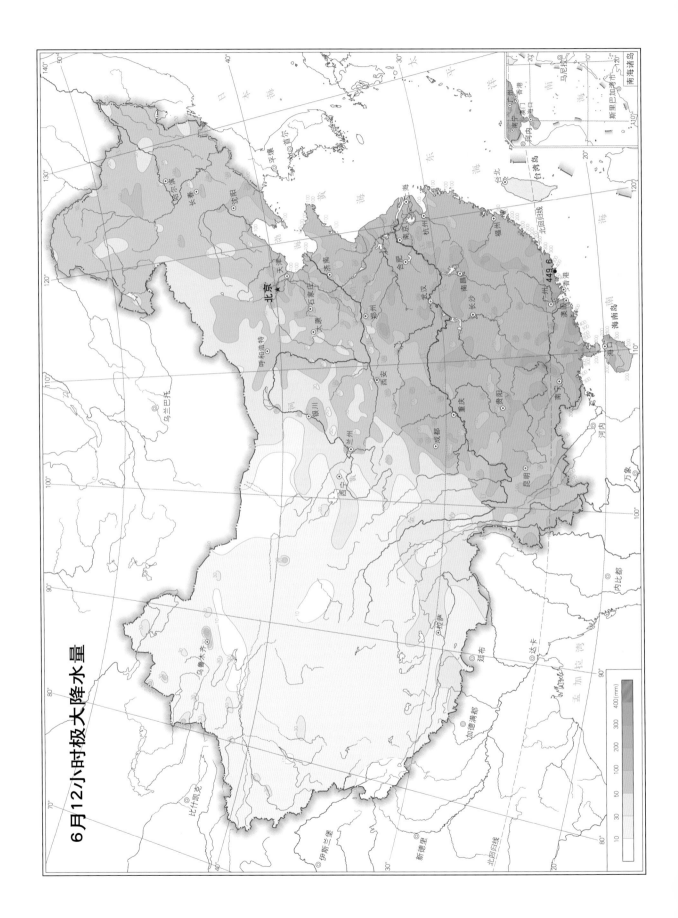

6月12小时极大降水量

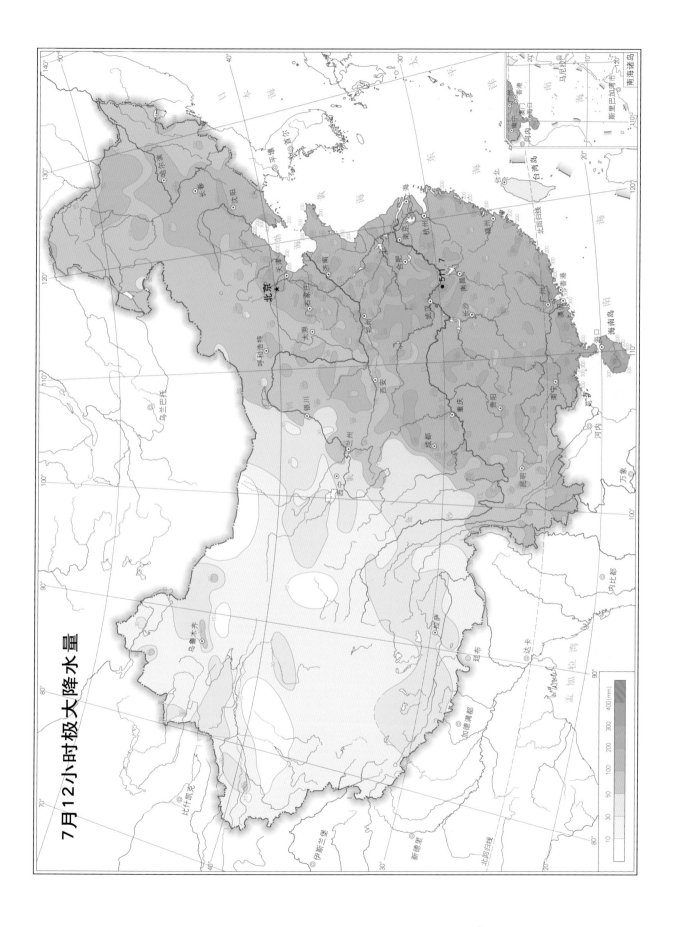

7月12小时极大降水量

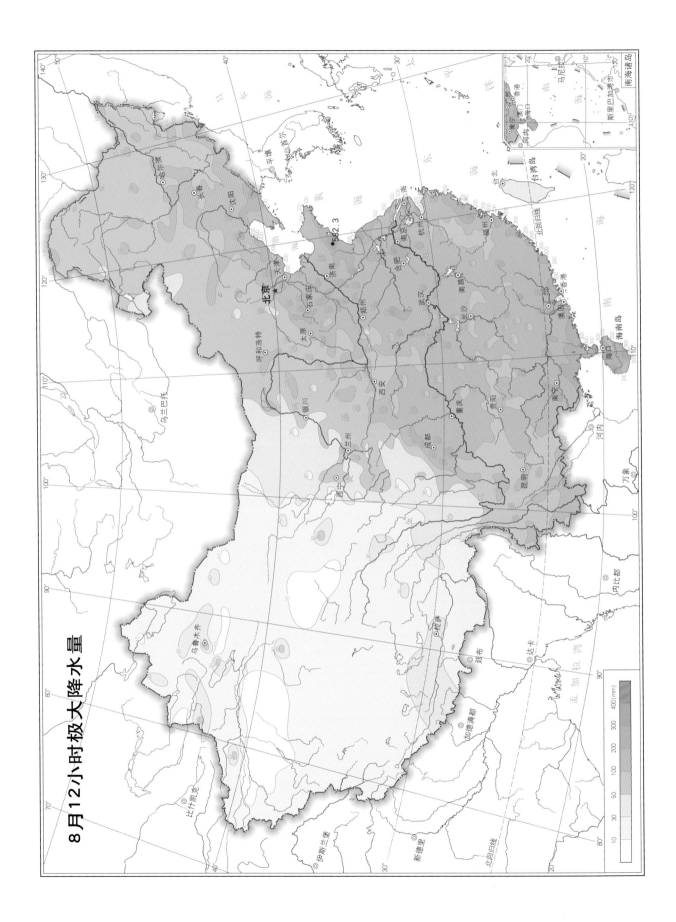

8月12小时极大降水量

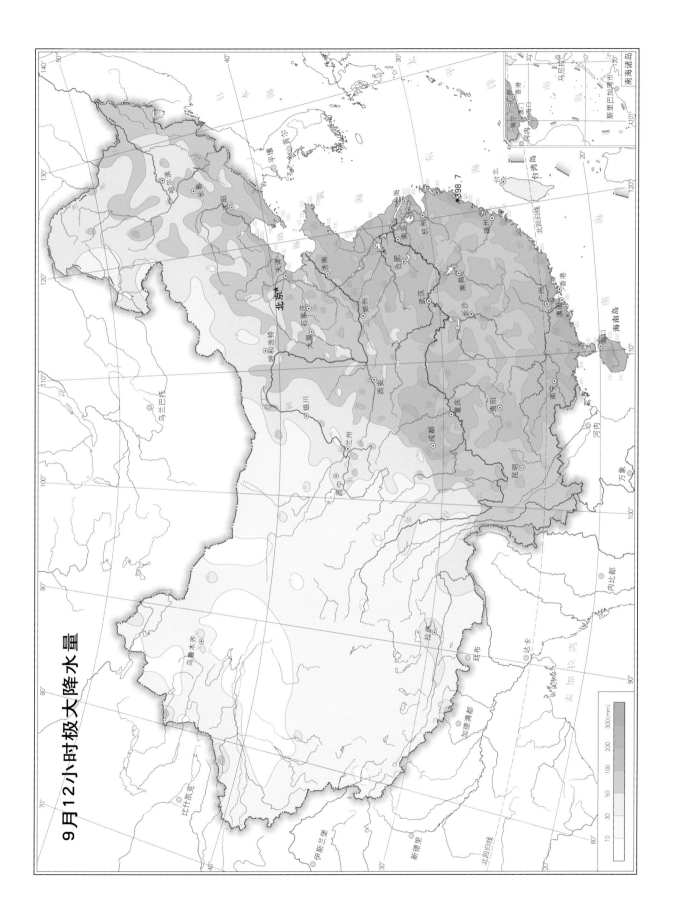

9月12小时极大降水量

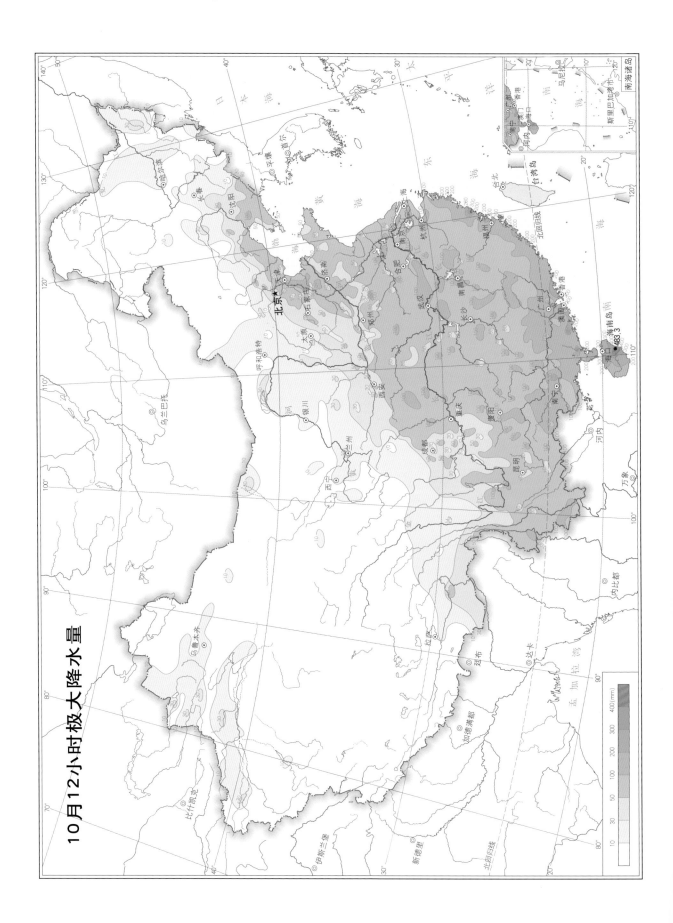

10月12小时极大降水量

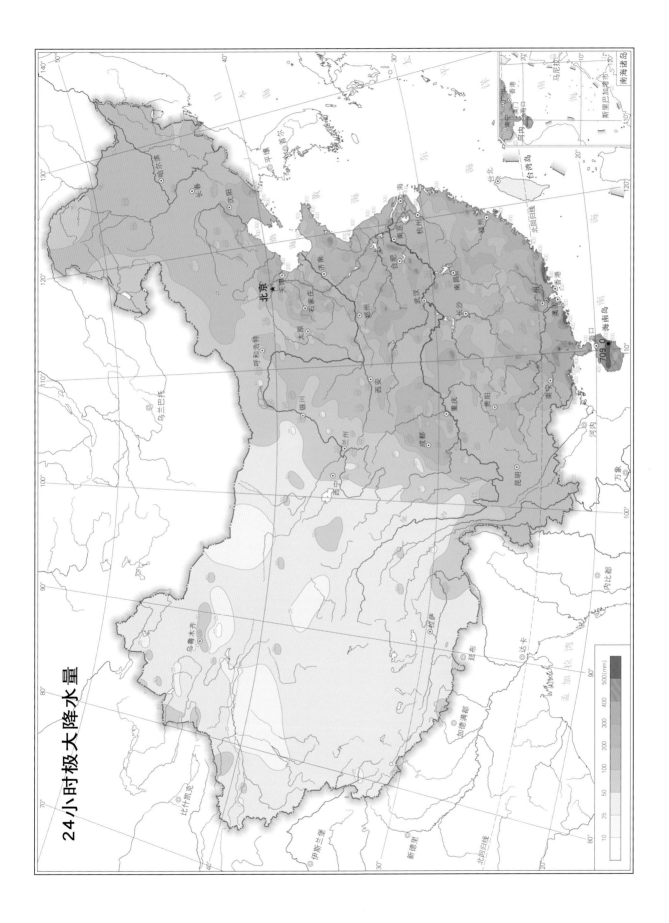

24小时极大降水量

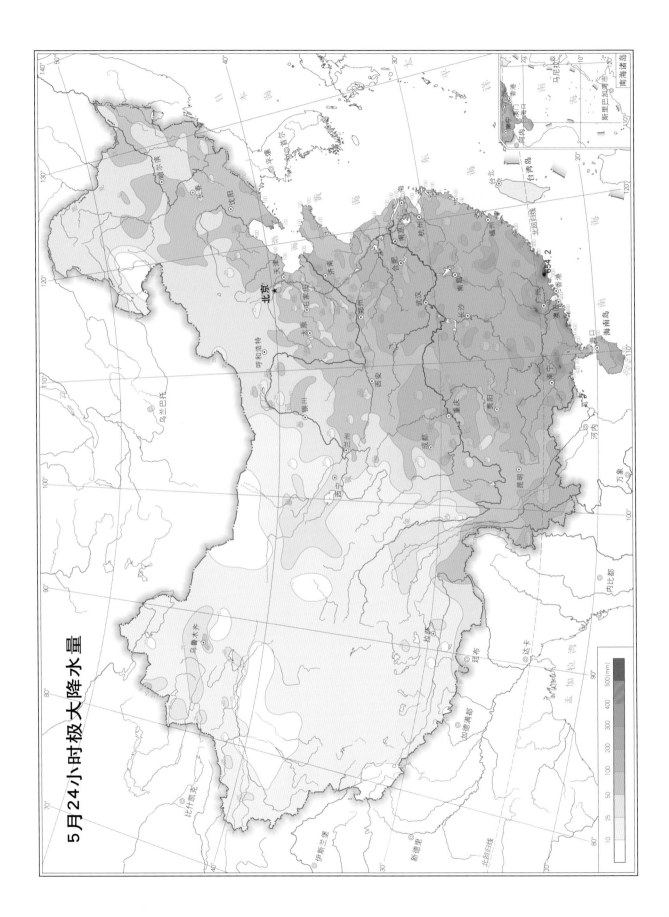

5月24小时极大降水量

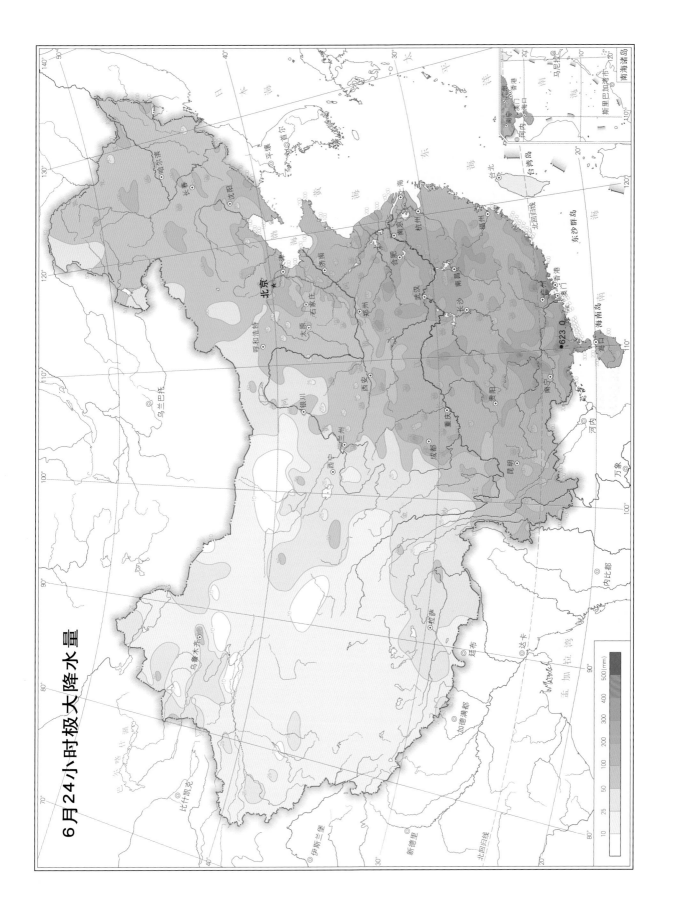

6月24小时极大降水量

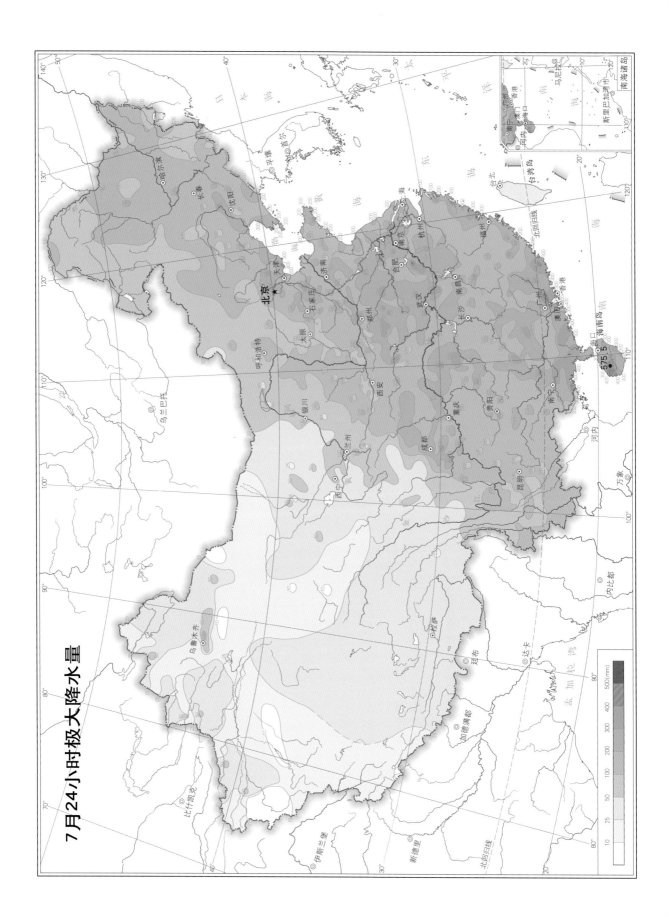

7月24小时极大降水量

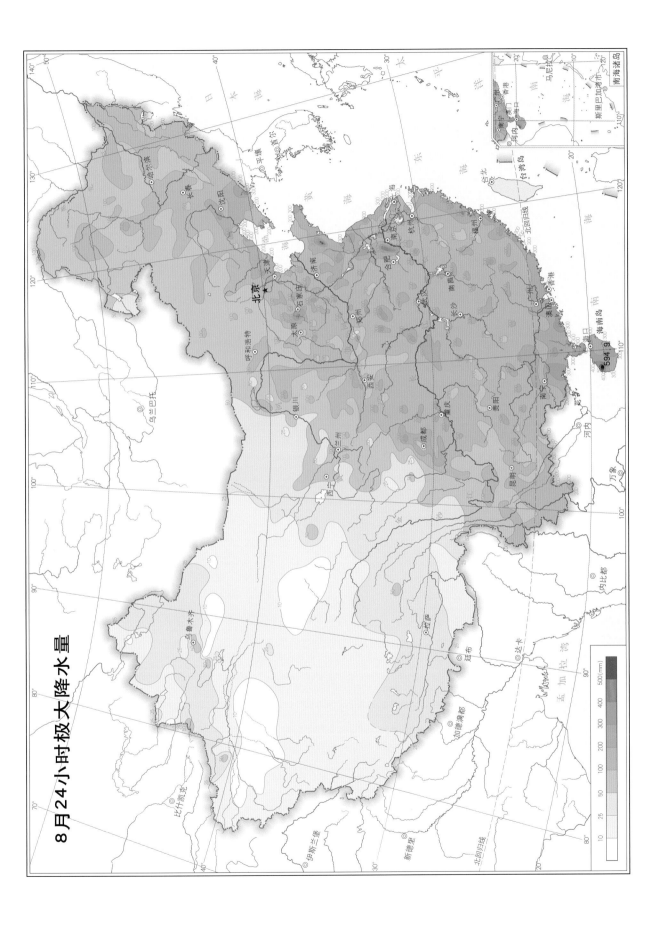

8月24小时极大降水量

77

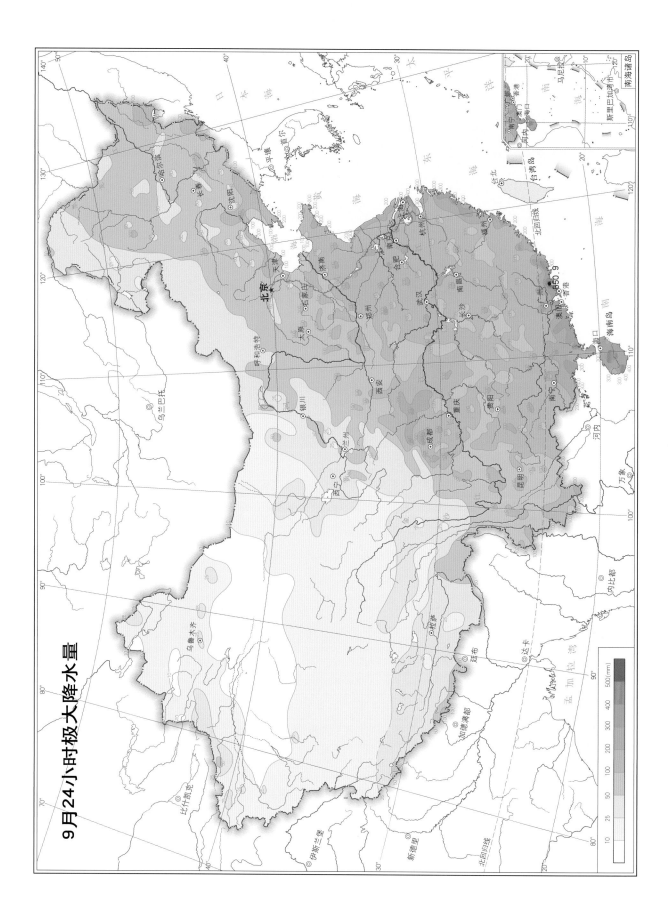

9月24小时极大降水量

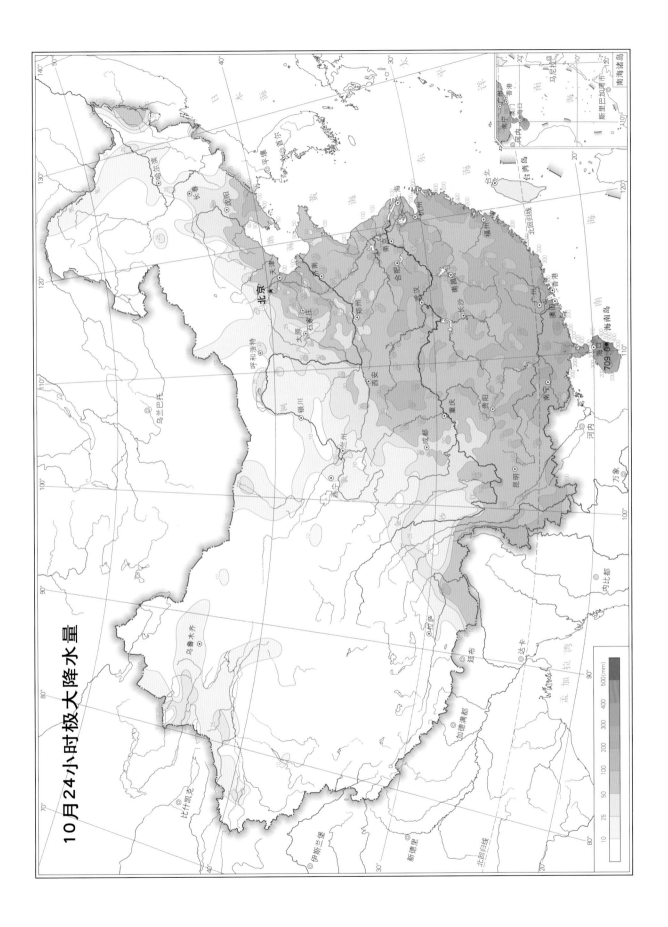

10月24小时极大降水量

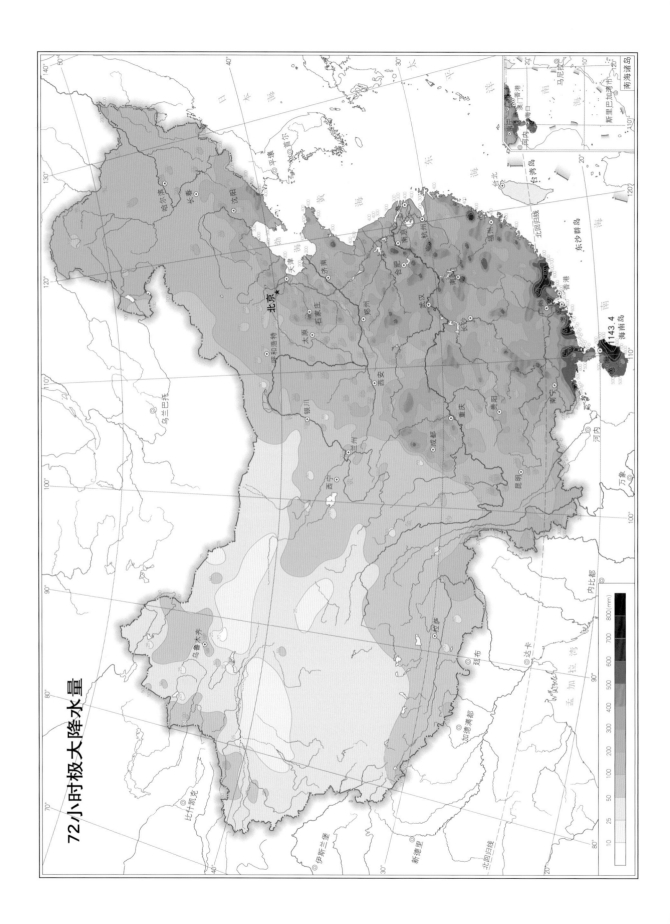

72小时极大降水量

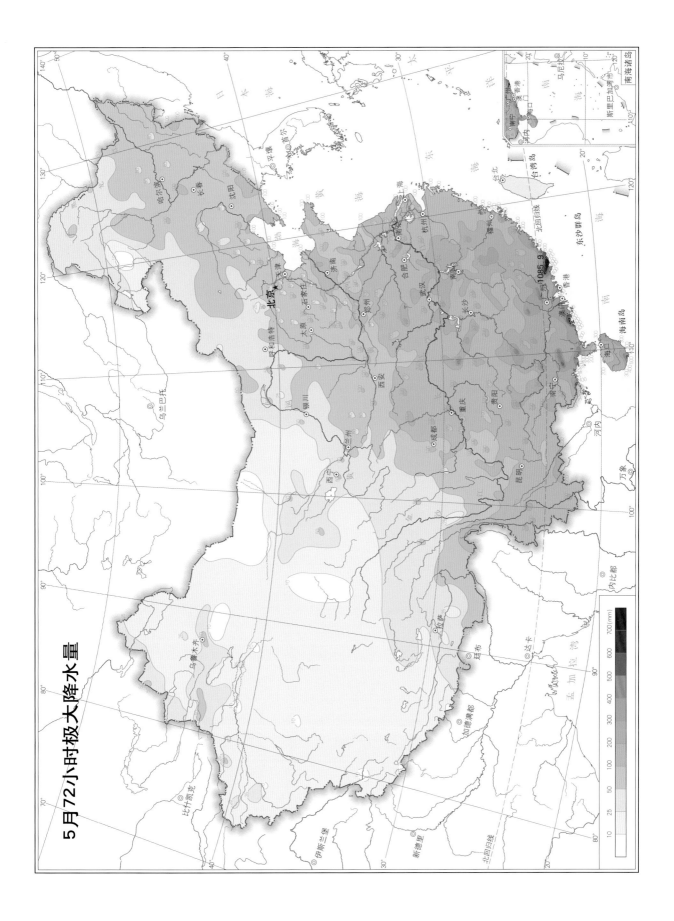

5月72小时极大降水量

中国极端降水气候图集

ZHONGGUO JIDUAN JIANGSHUI QIHOU TUJI

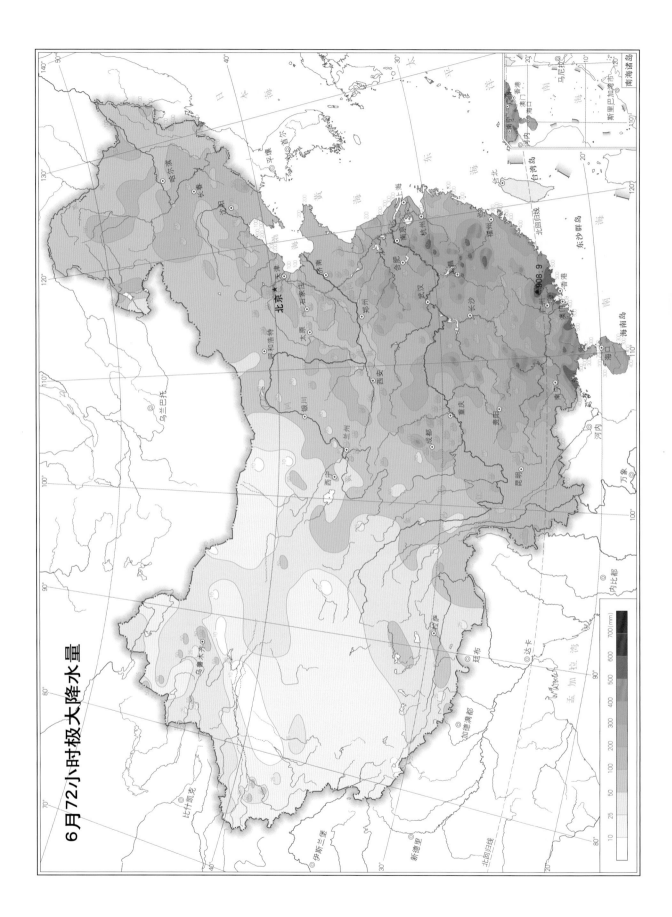

6月72小时极大降水量

82

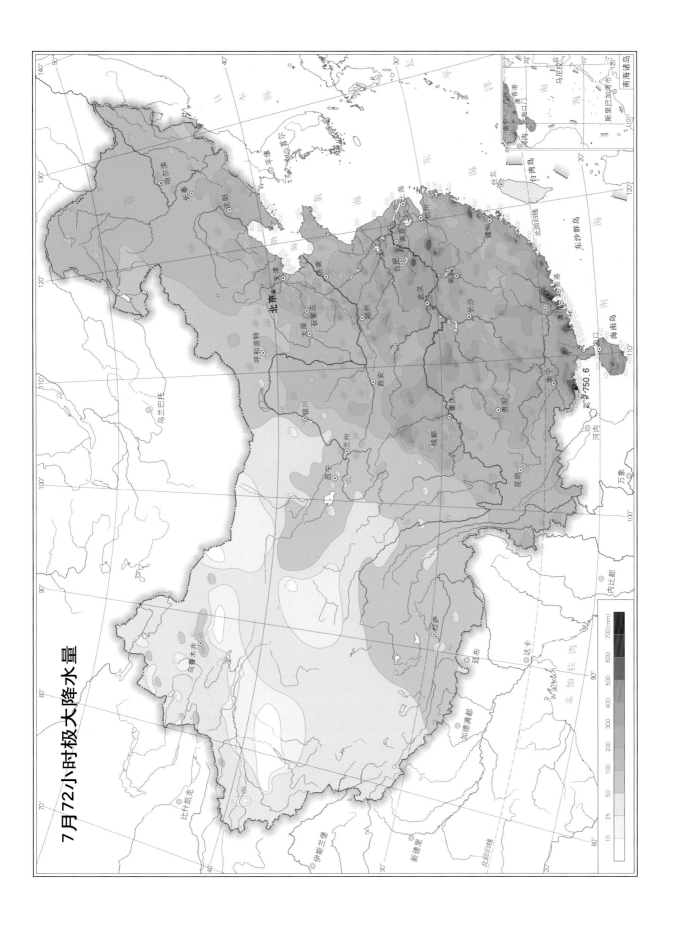

7月72小时极大降水量

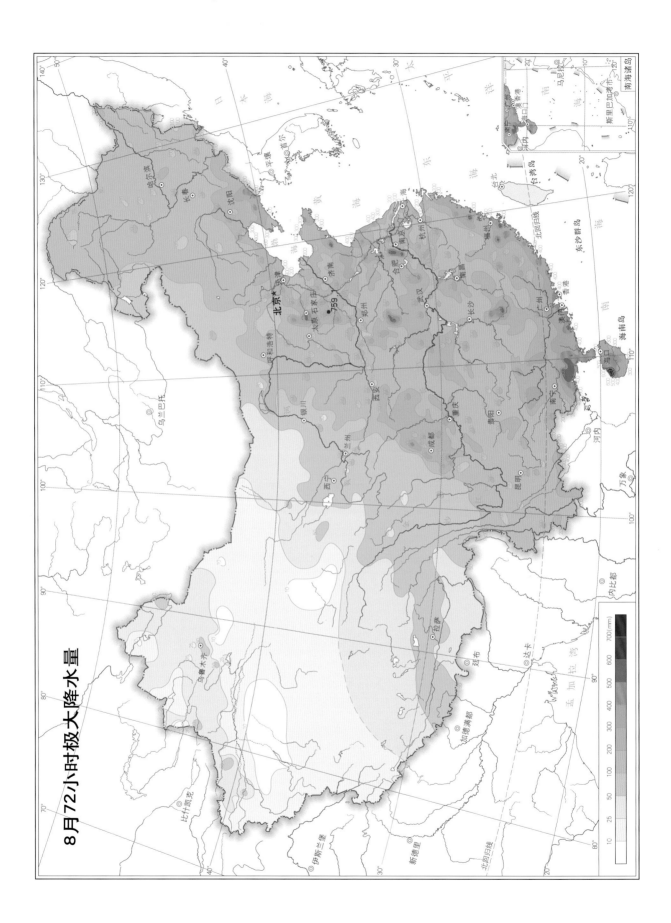

8月72小时极大降水量

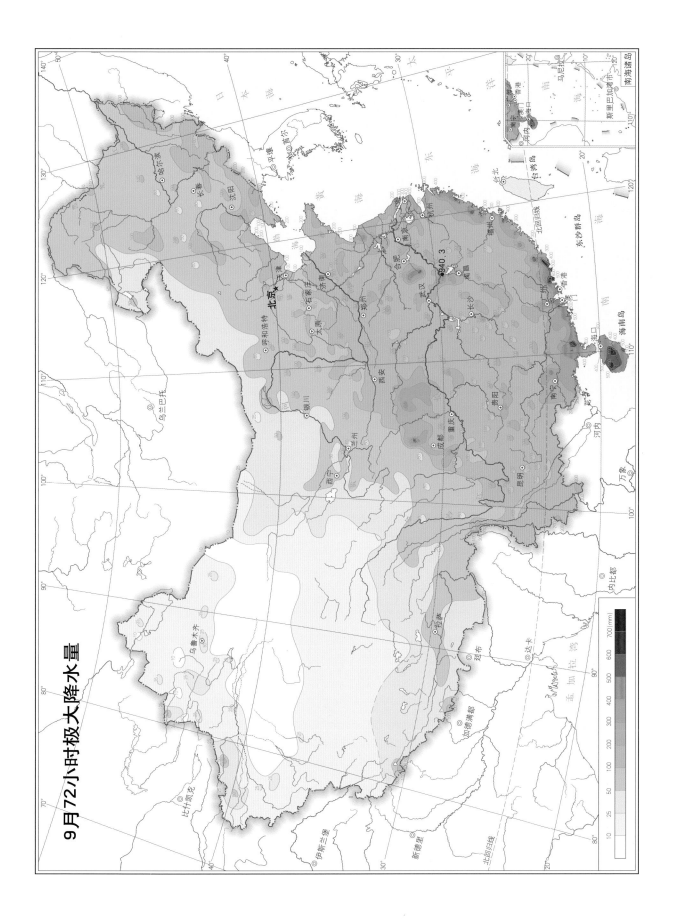

9月72小时极大降水量

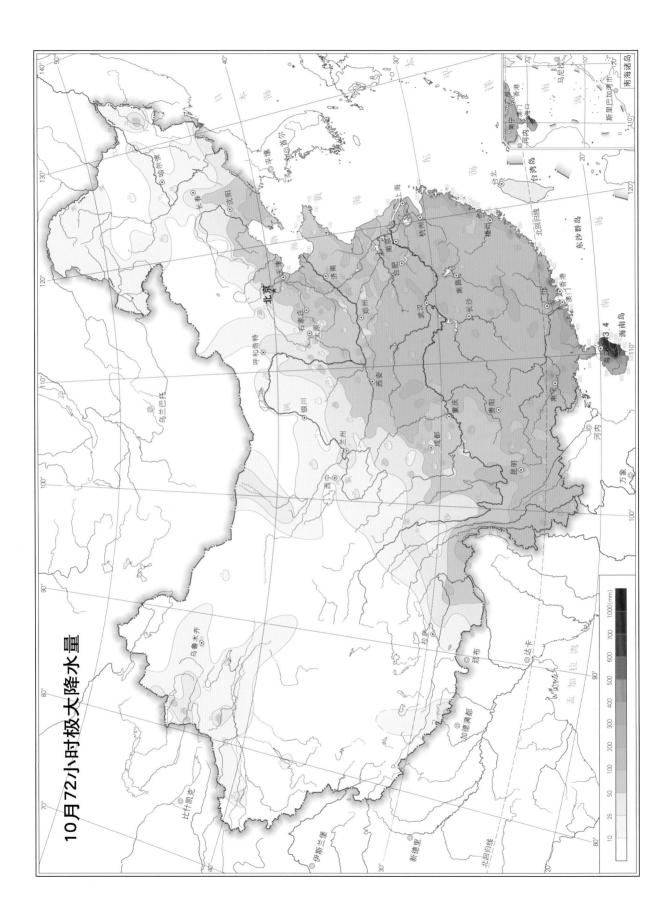

10月72小时极大降水量

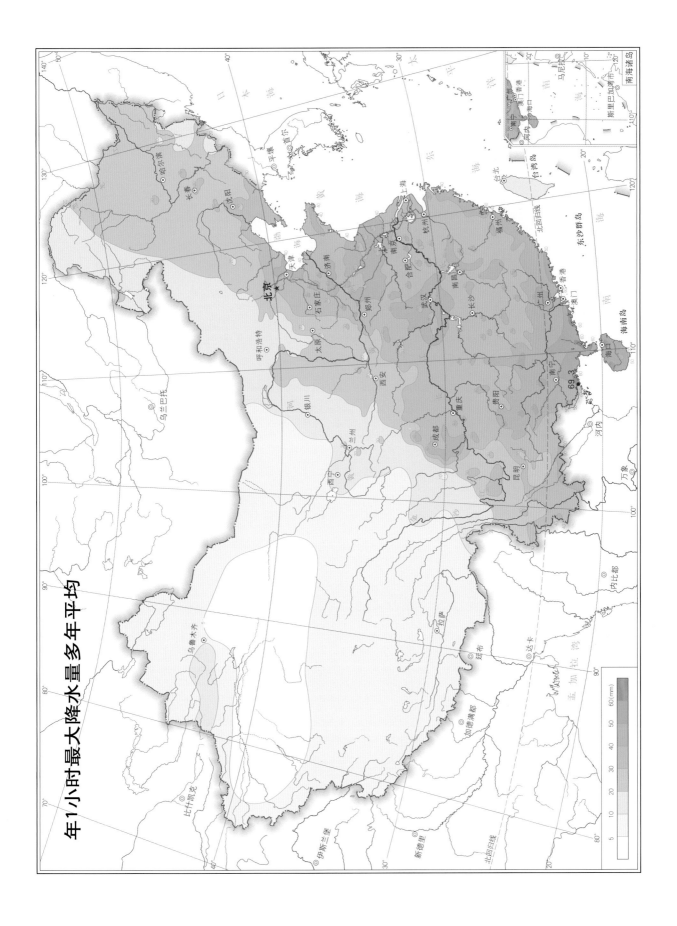

年1小时最大降水量多年平均

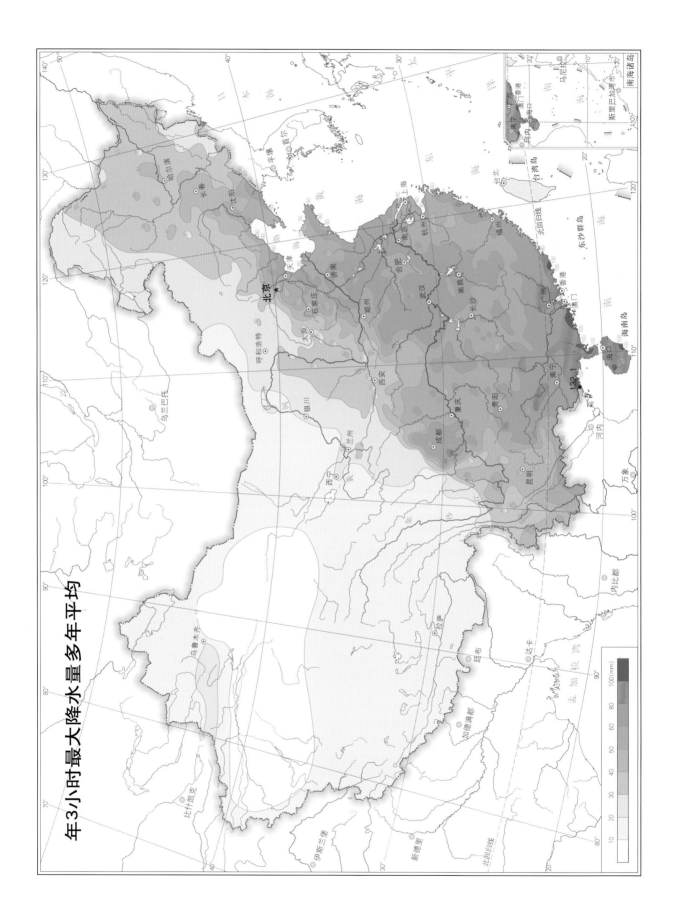

年3小时最大降水量多年平均

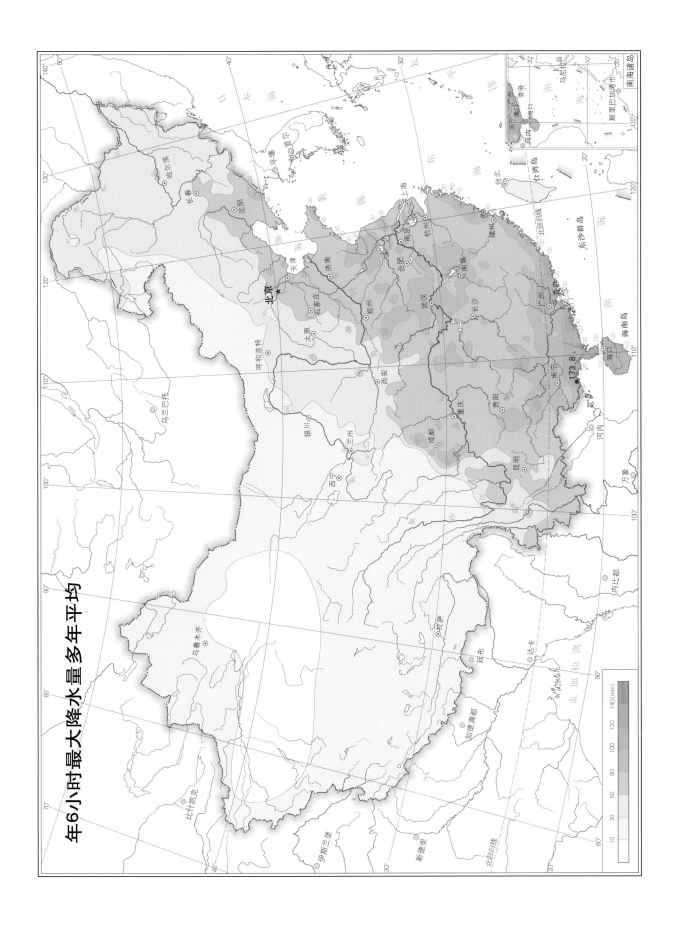

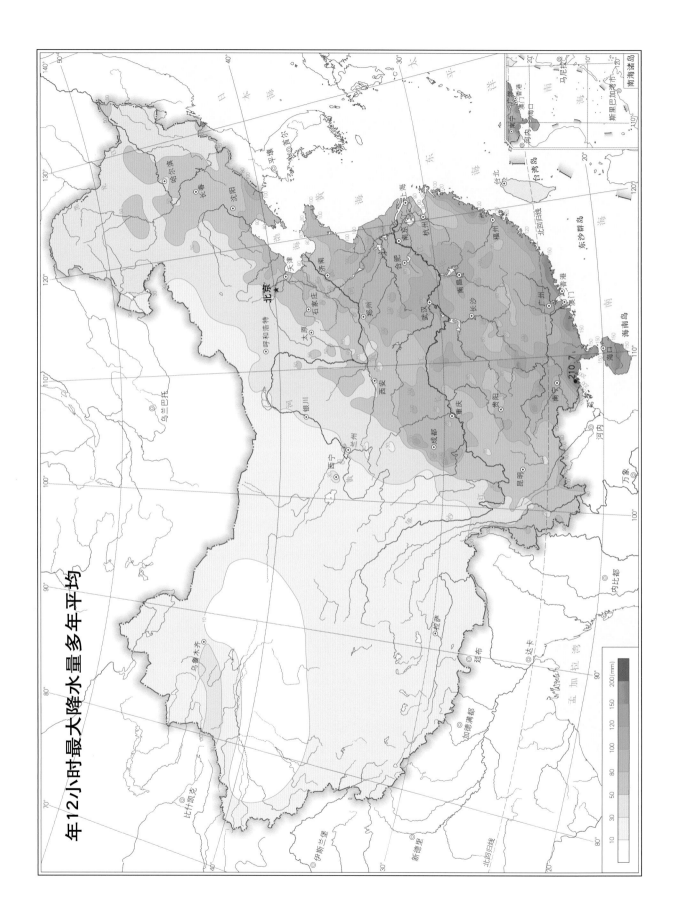

年12小时最大降水量多年平均

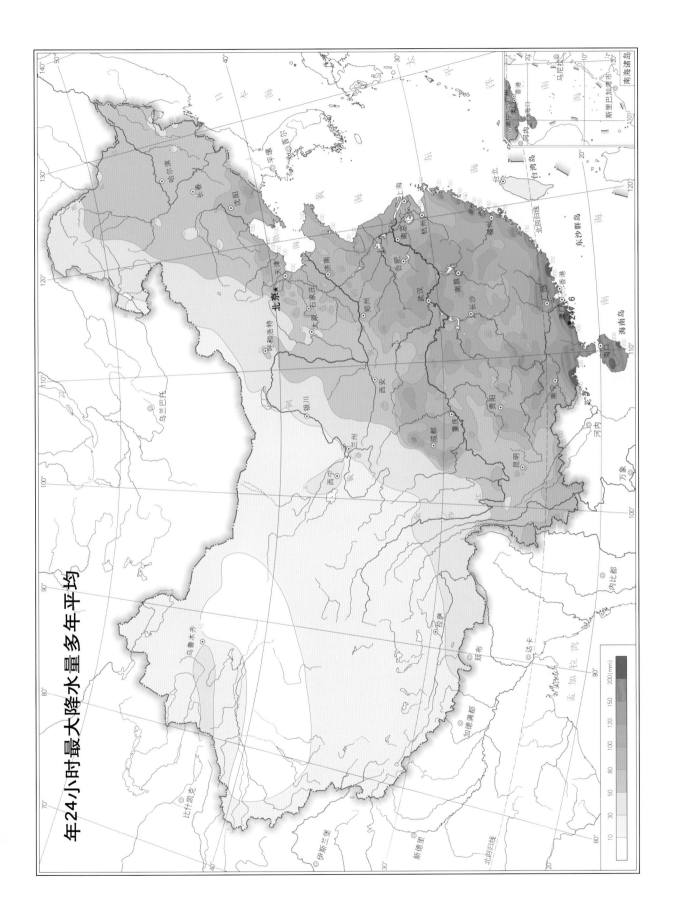

年24小时最大降水量多年平均

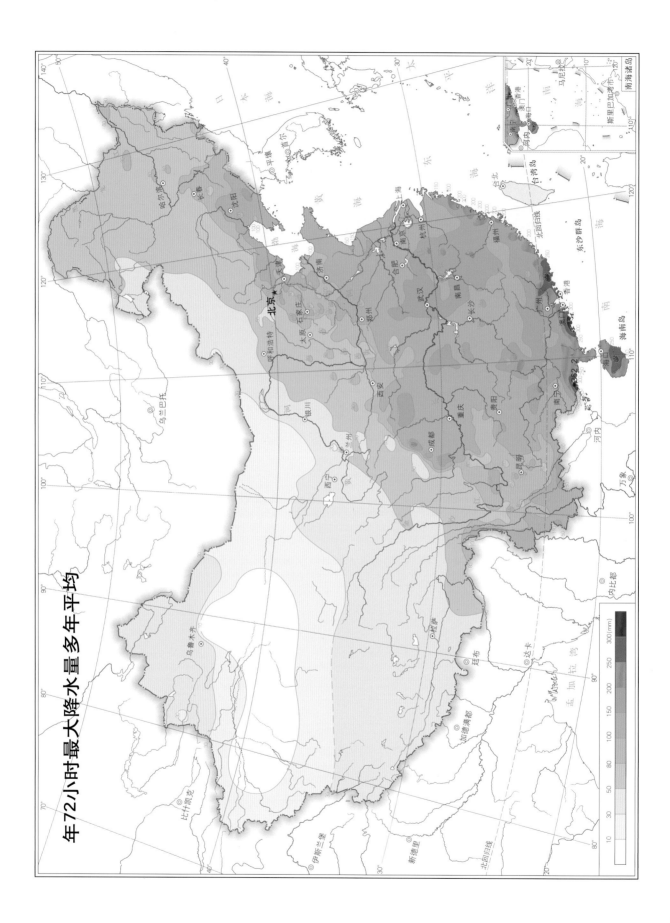

年72小时最大降水量多年平均

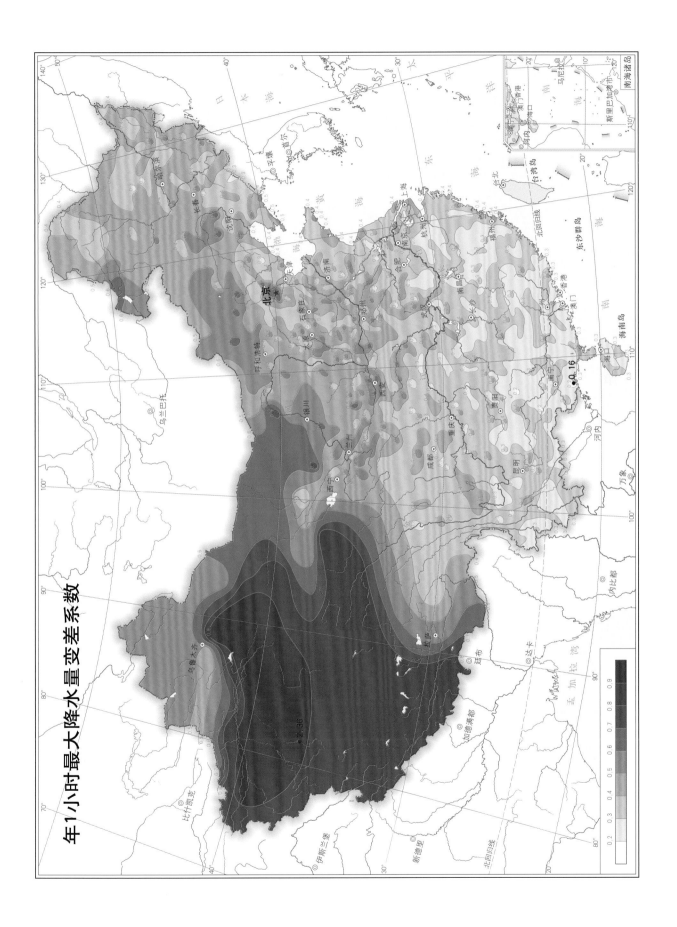

年1小时最大降水量变差系数

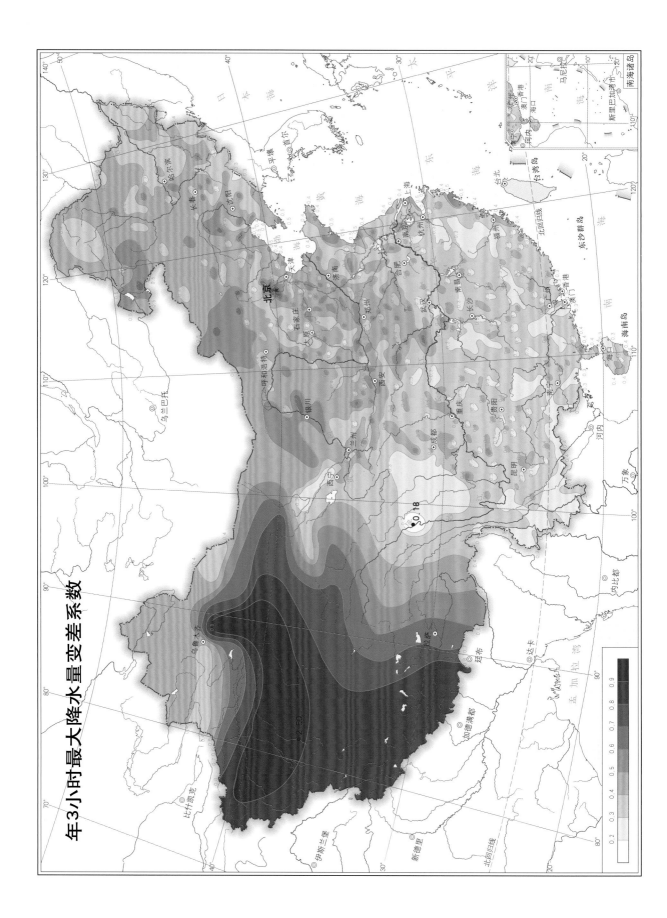

年3小时最大降水量变差系数

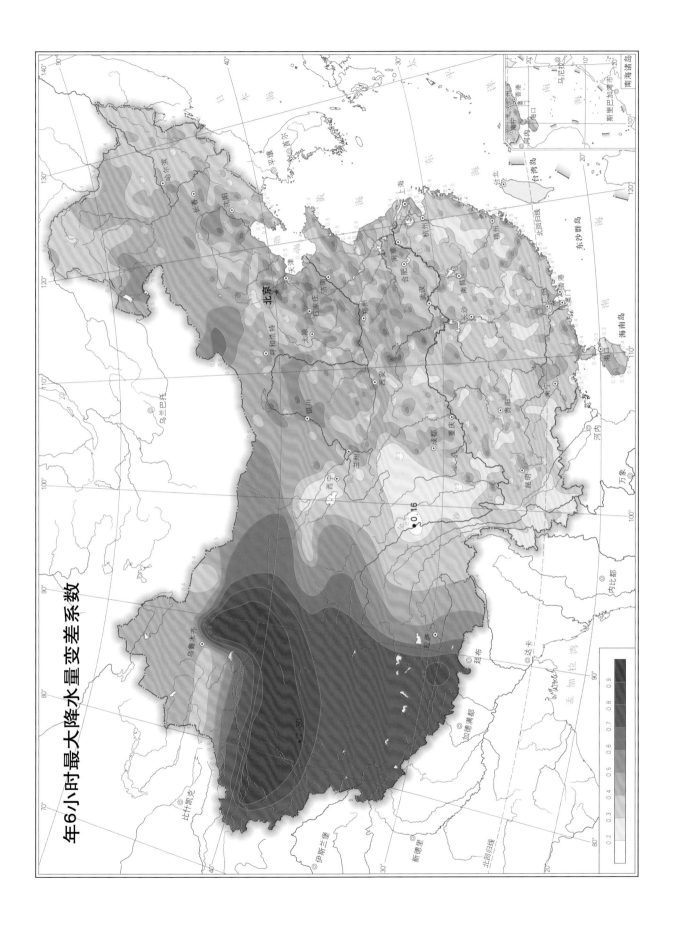

年6小时最大降水量变差系数

中国极端降水气候图集

ZHONGGUO JIDUAN JIANGSHUI QIHOU TUJI

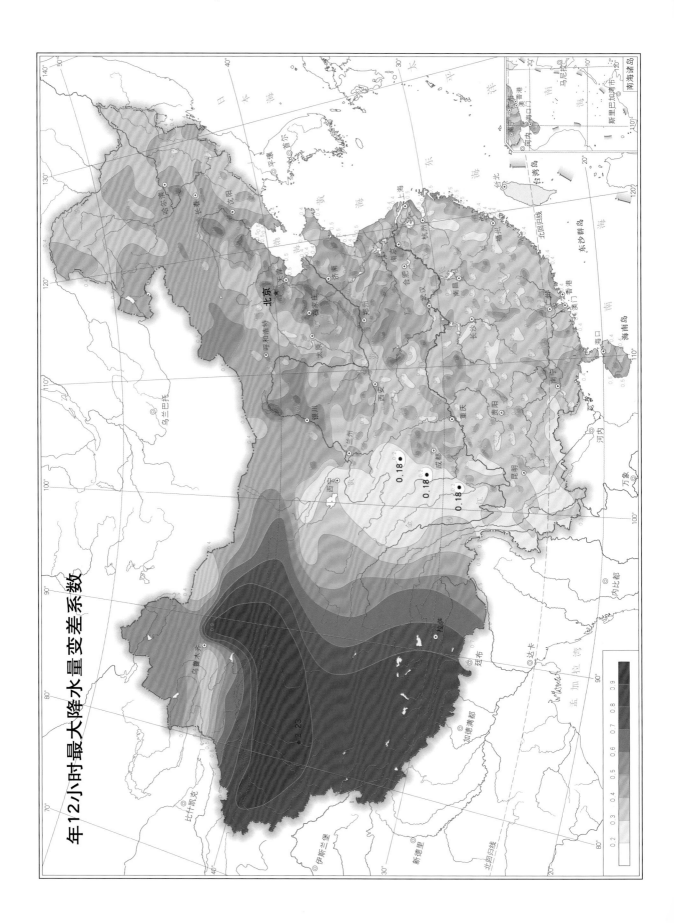

年12小时最大降水量变差系数

96

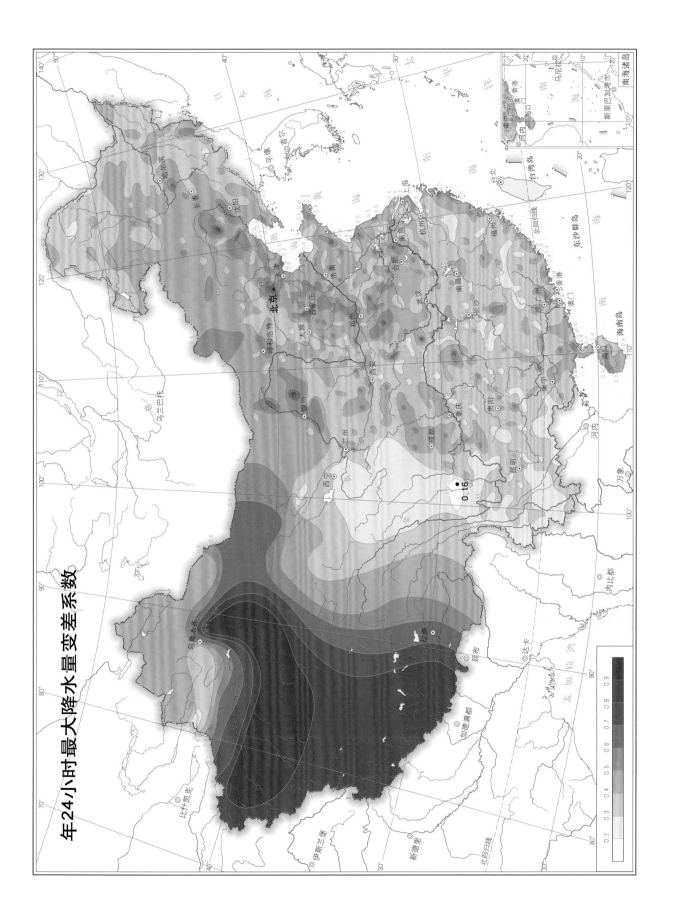

年24小时最大降水量变差系数

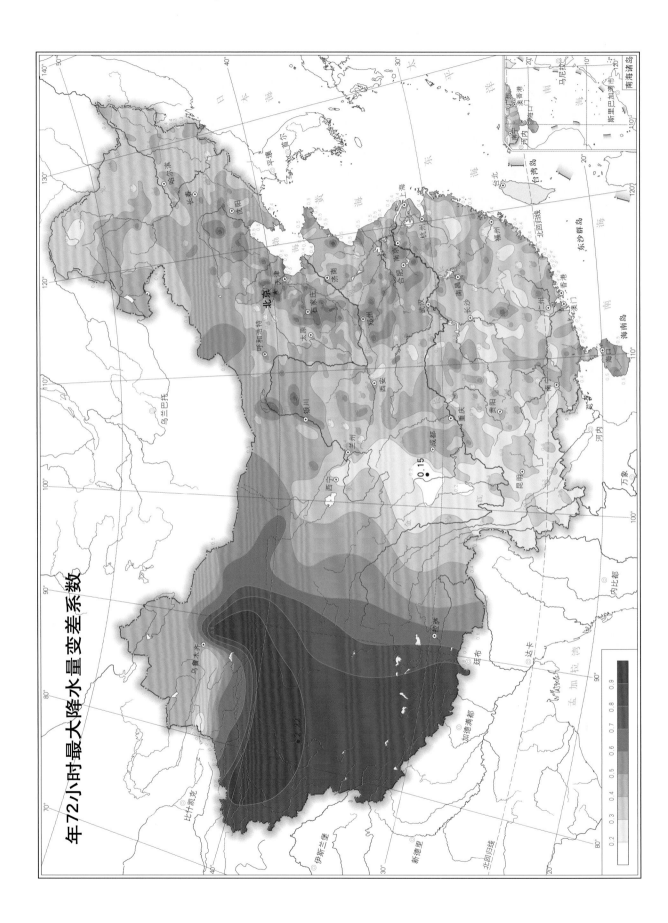

年72小时最大降水量变差系数

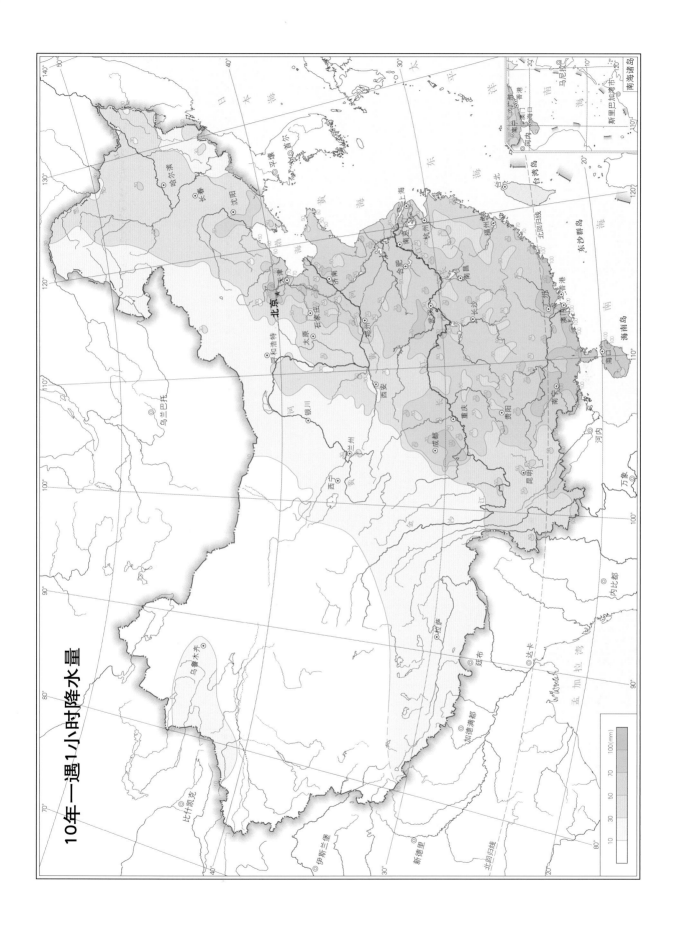

10年一遇1小时降水量

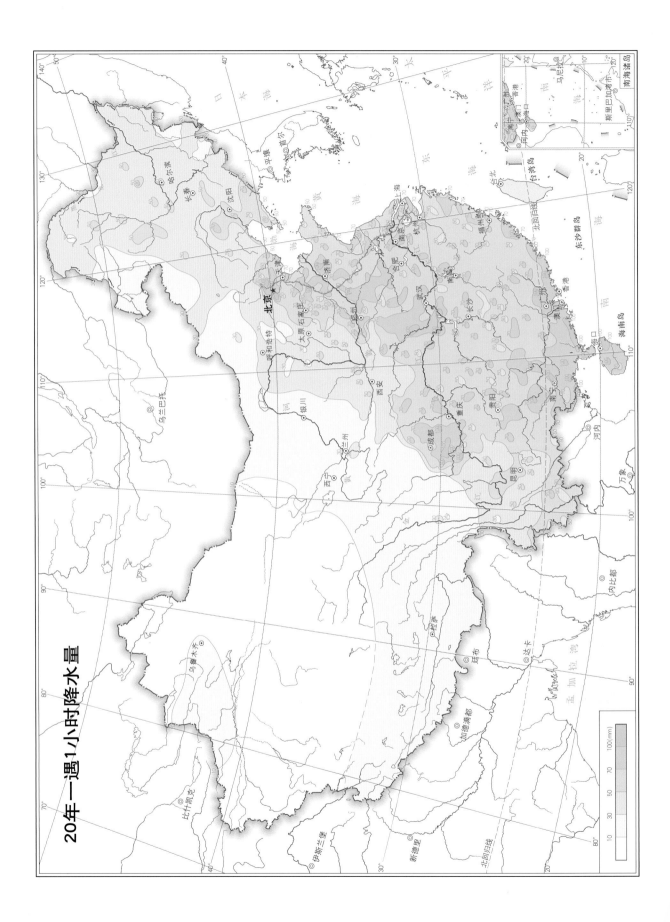

20年一遇1小时降水量

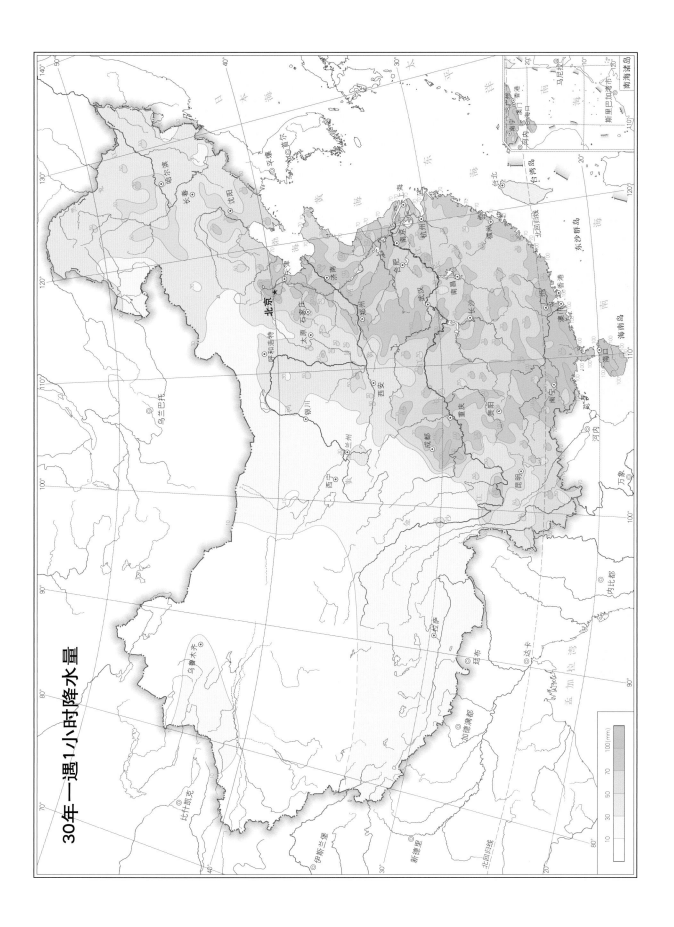

30年一遇1小时降水量

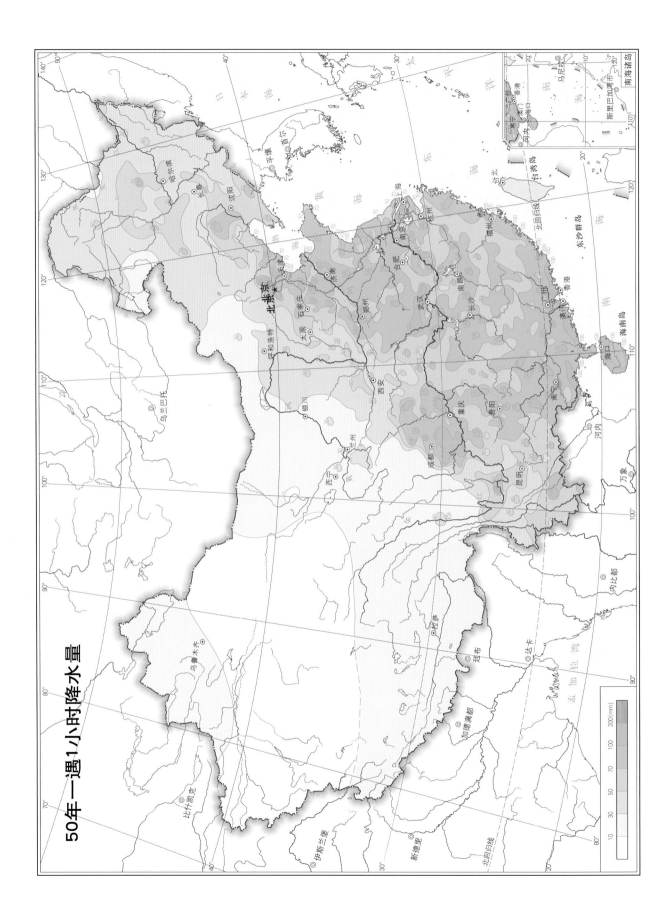

50年一遇1小时降水量

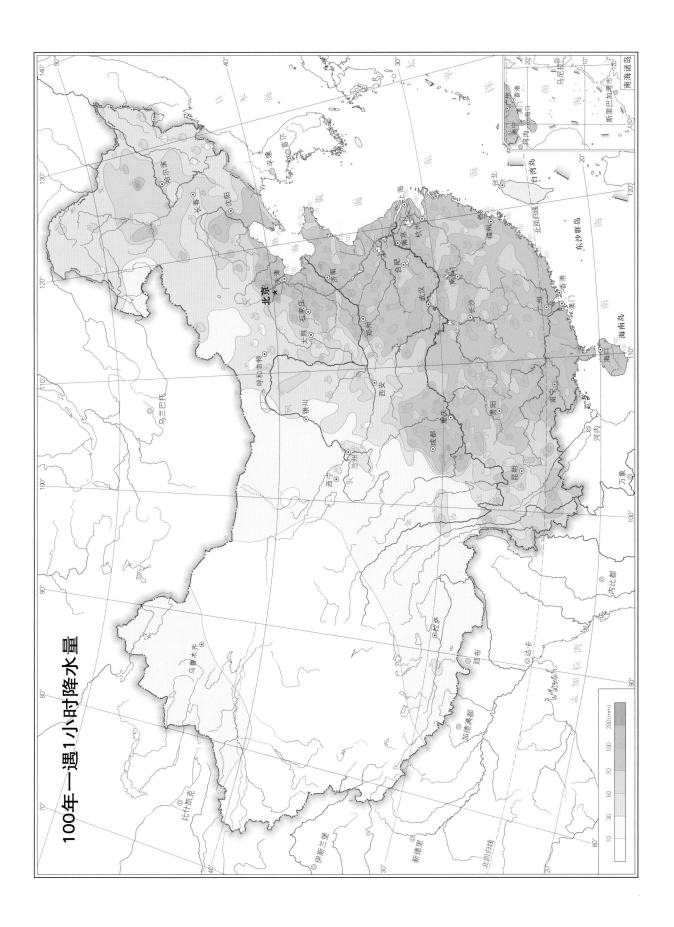

100年一遇1小时降水量

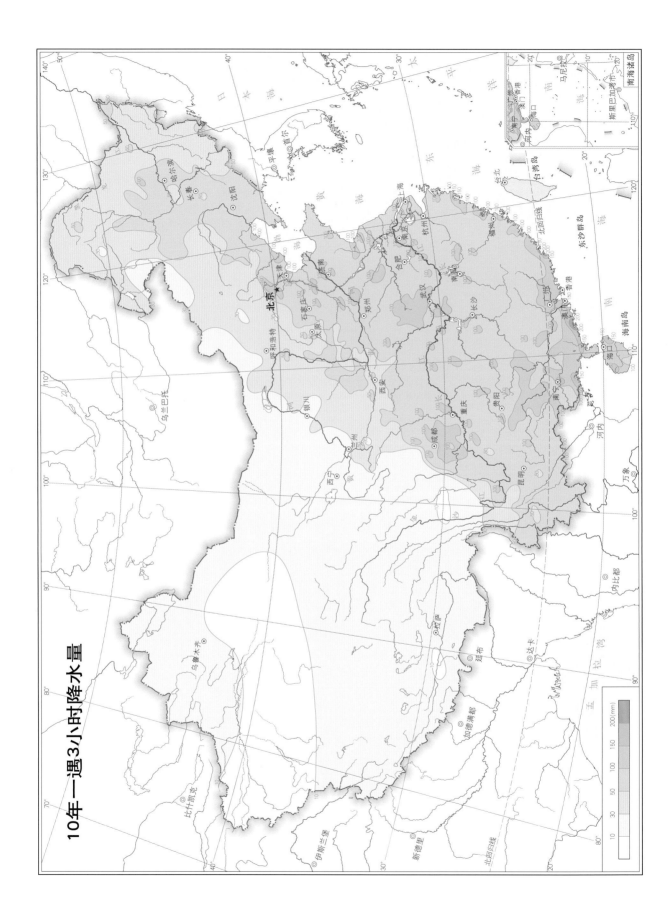

10年一遇3小时降水量

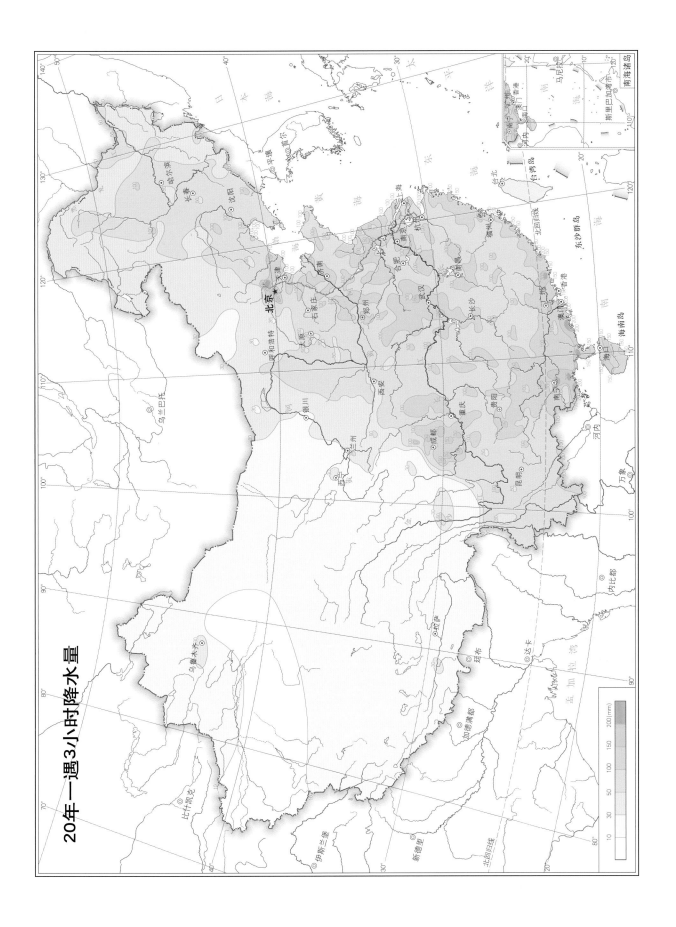

20年一遇3小时降水量

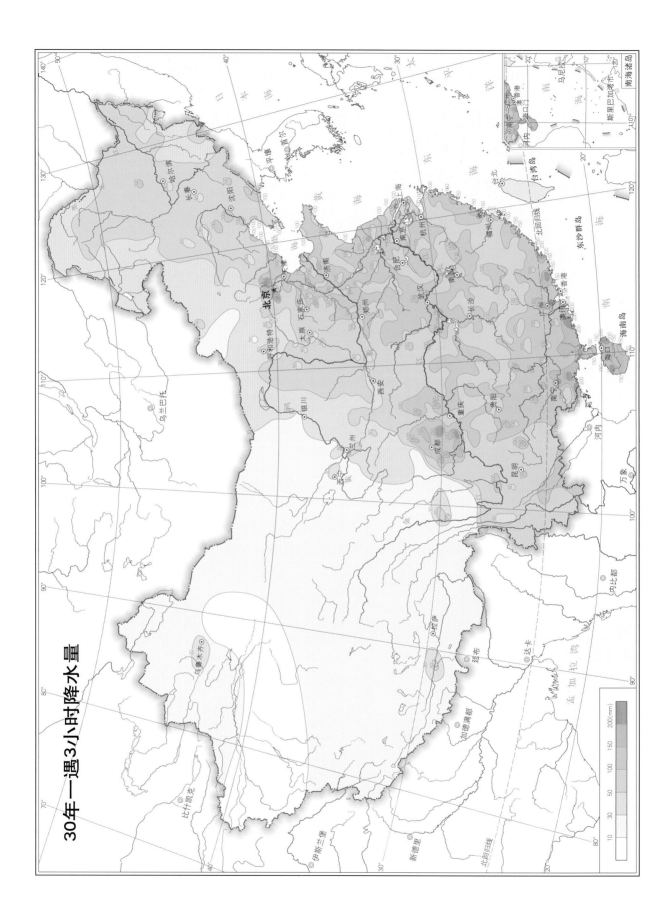

30年一遇3小时降水量

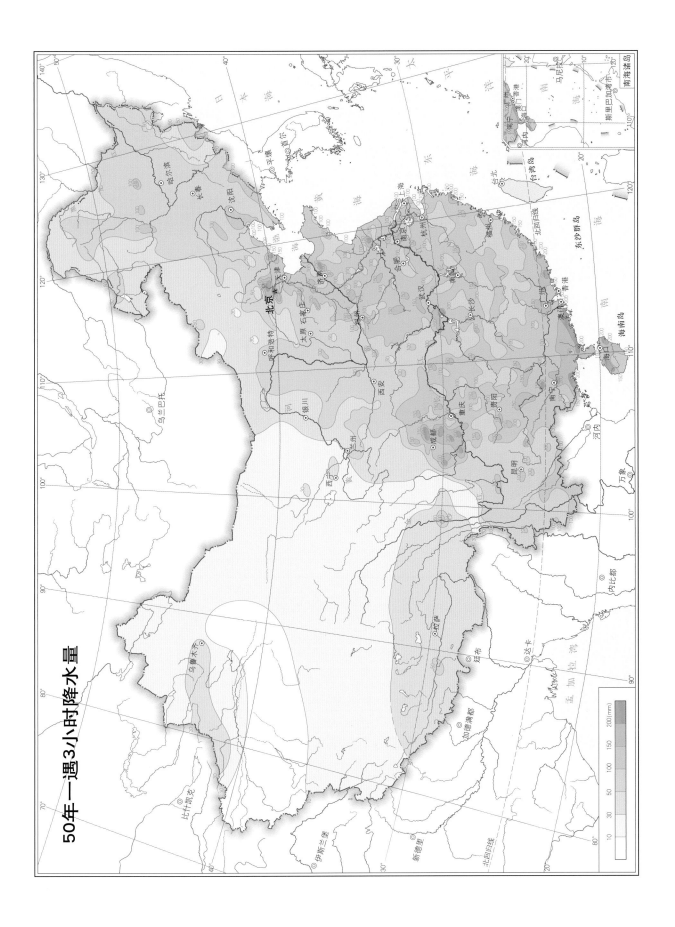

50年一遇3小时降水量

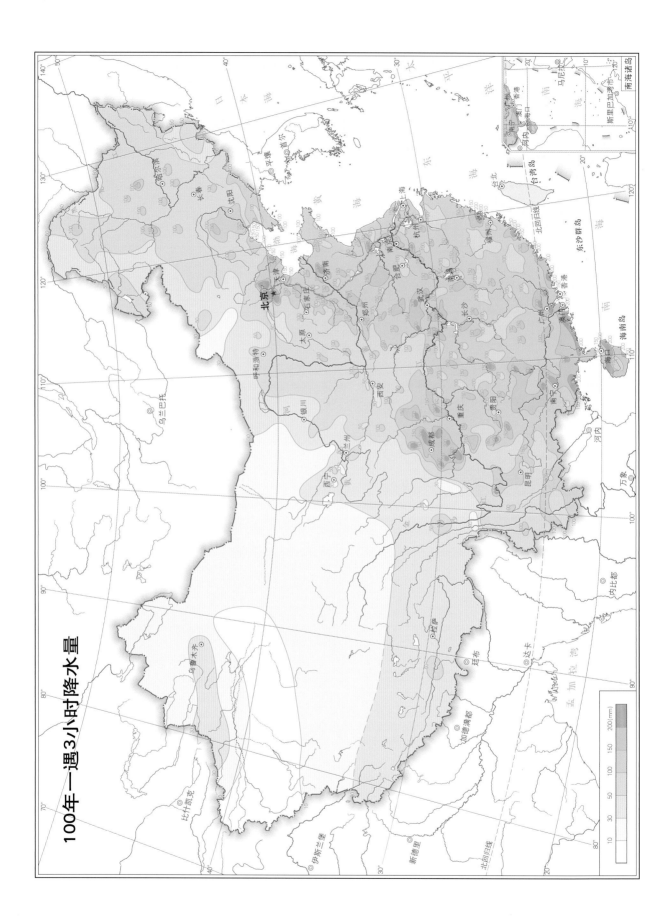

100年一遇3小时降水量

200(mm)
150
100
50
30
10

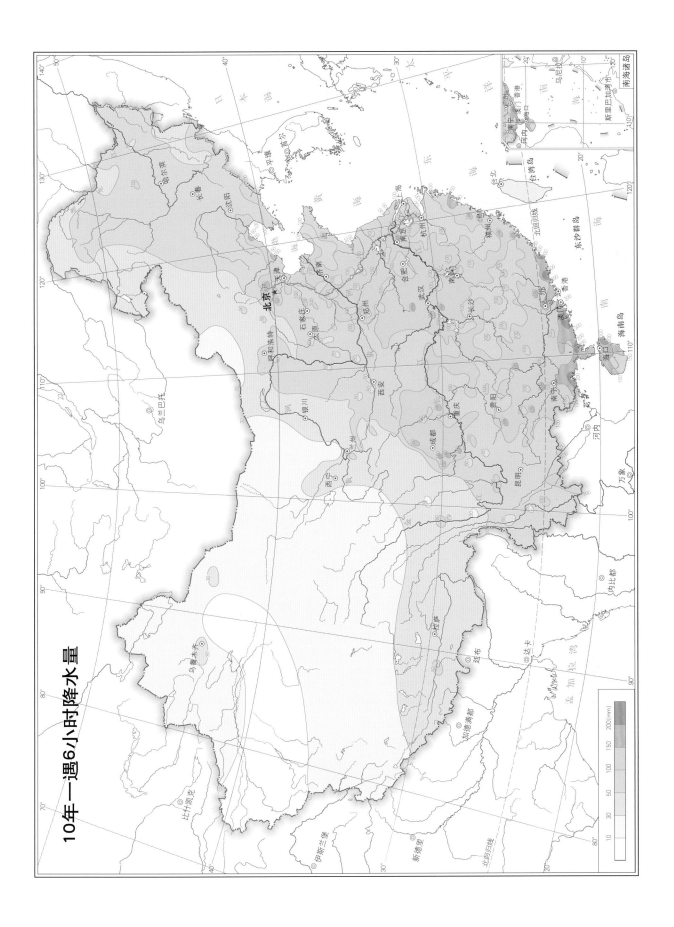

10年一遇6小时降水量

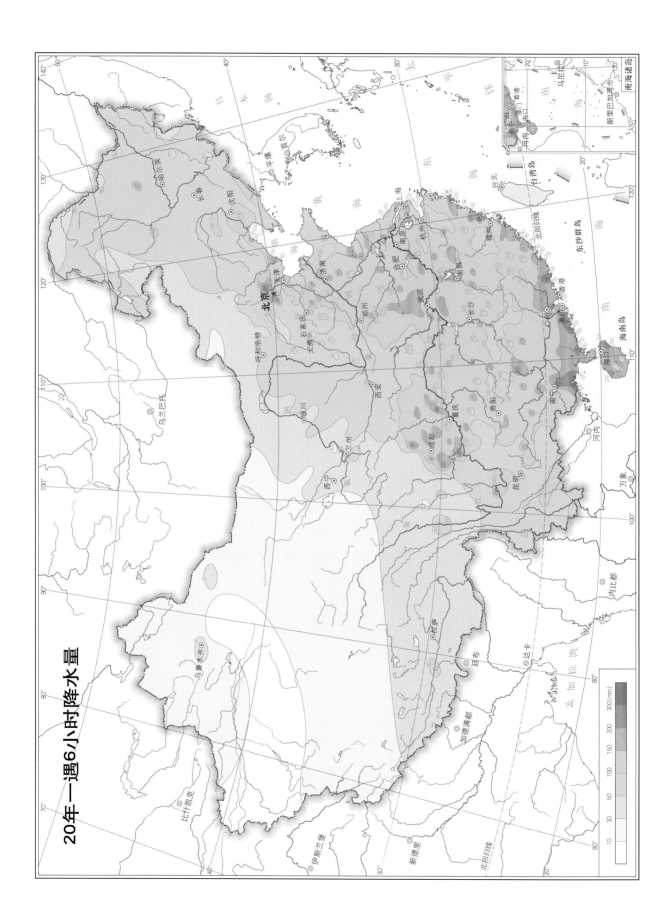

20年一遇6小时降水量

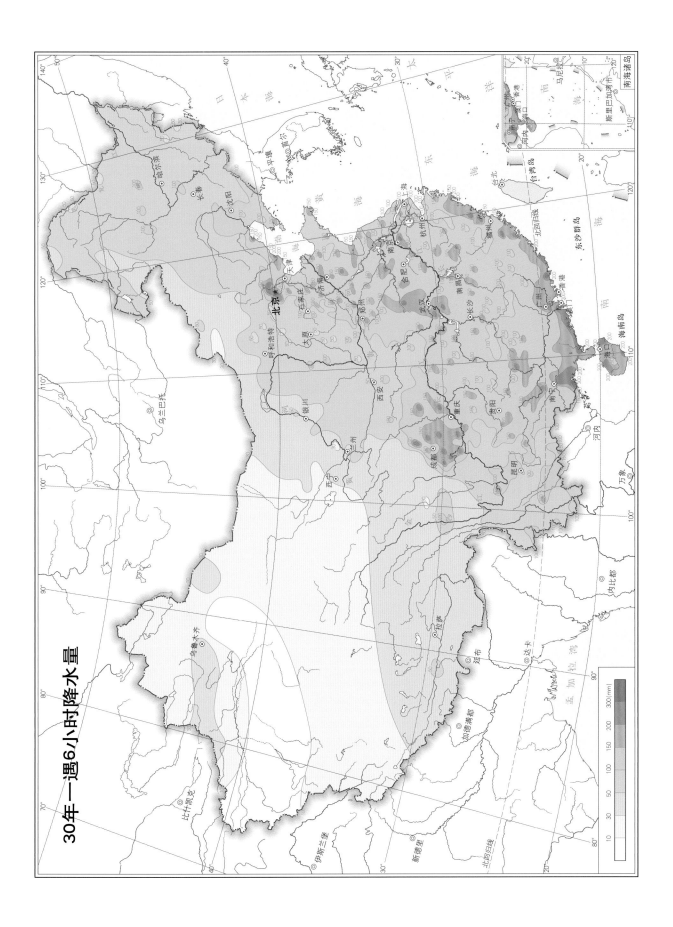

30年一遇6小时降水量

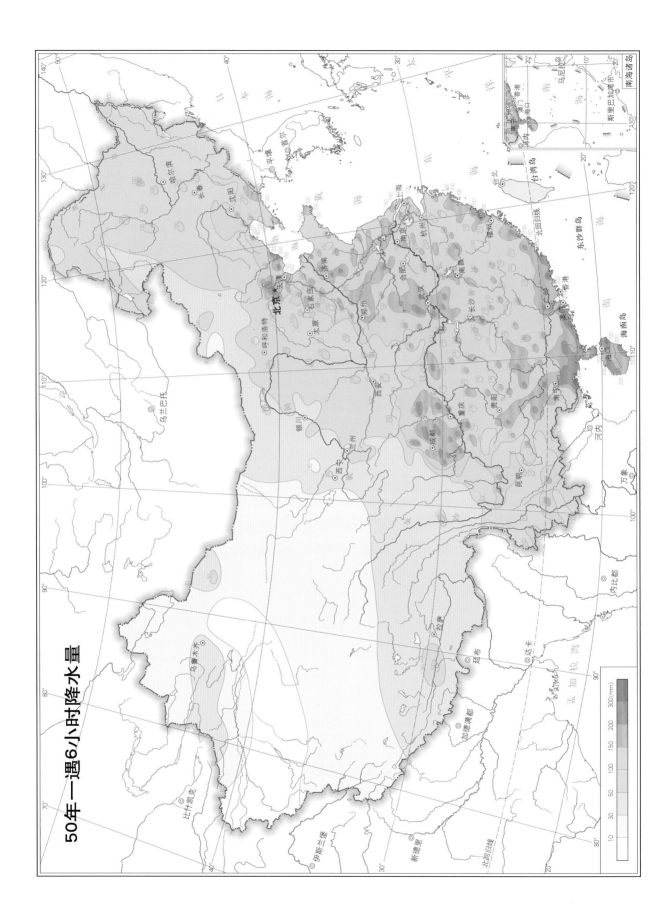

50年一遇6小时降水量

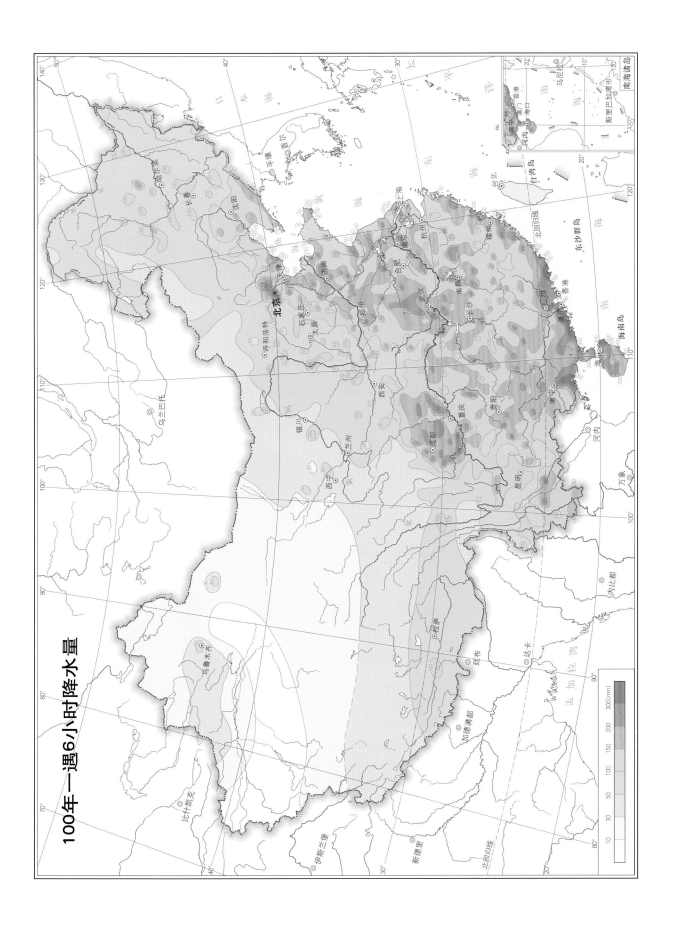

100年一遇6小时降水量

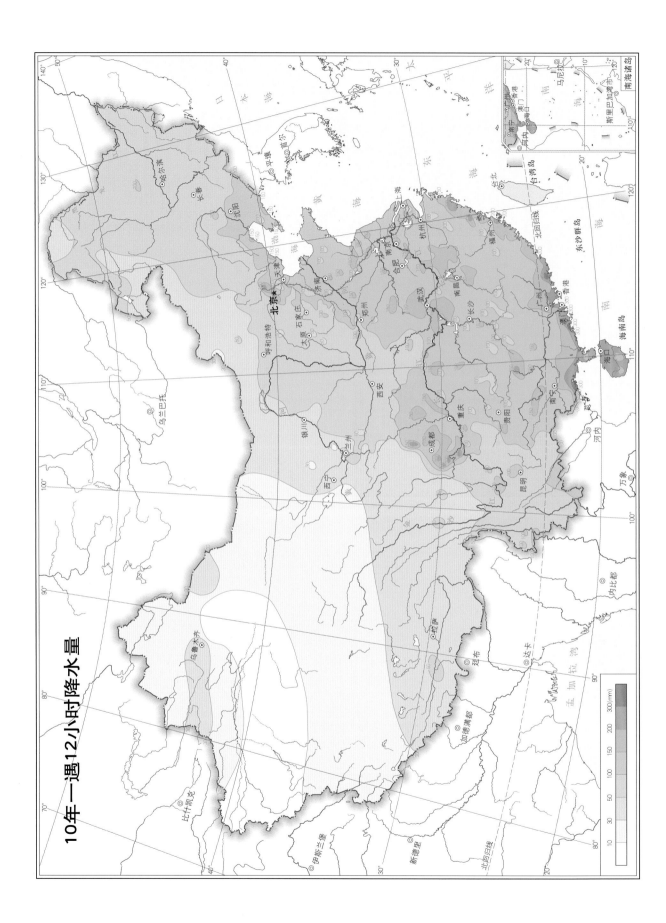

10年一遇12小时降水量

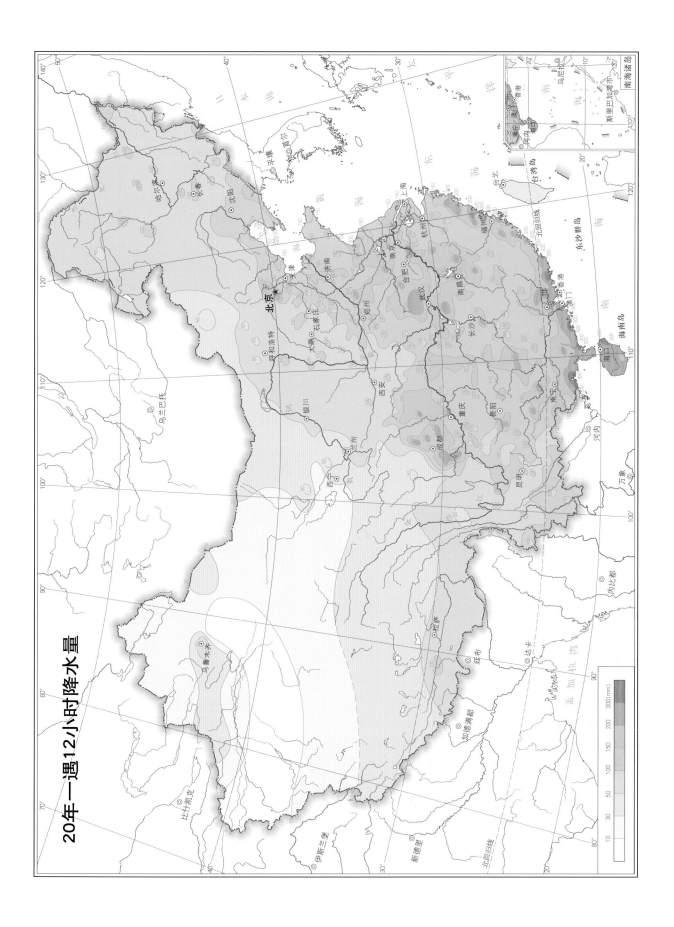

20年一遇12小时降水量

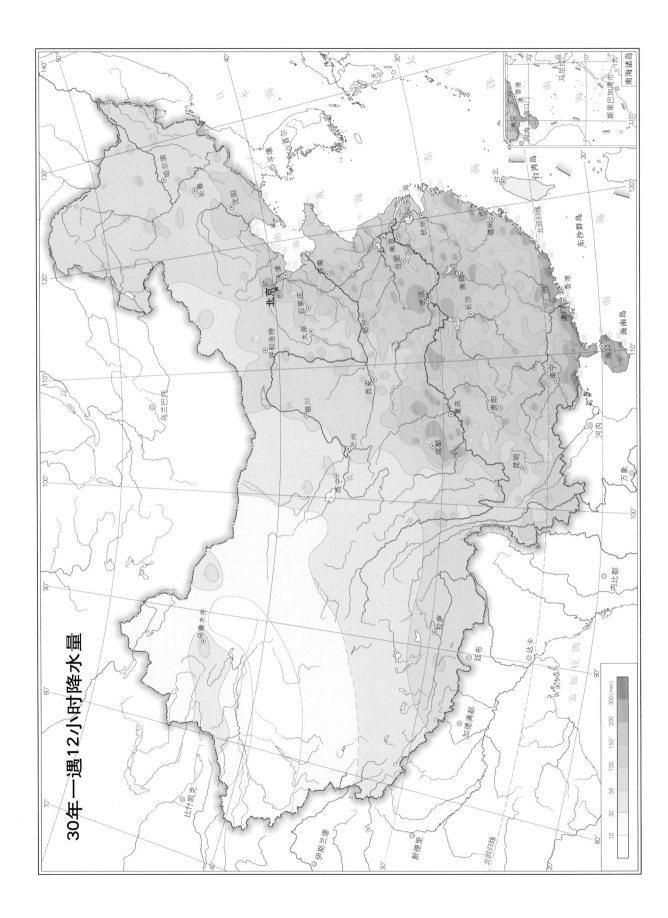

30年一遇12小时降水量

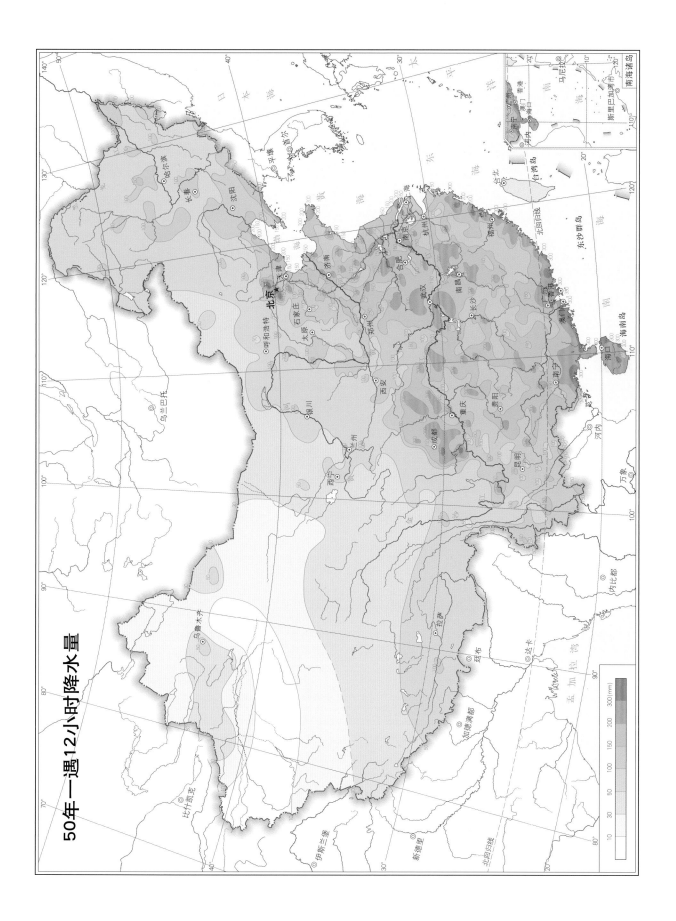

50年一遇12小时降水量

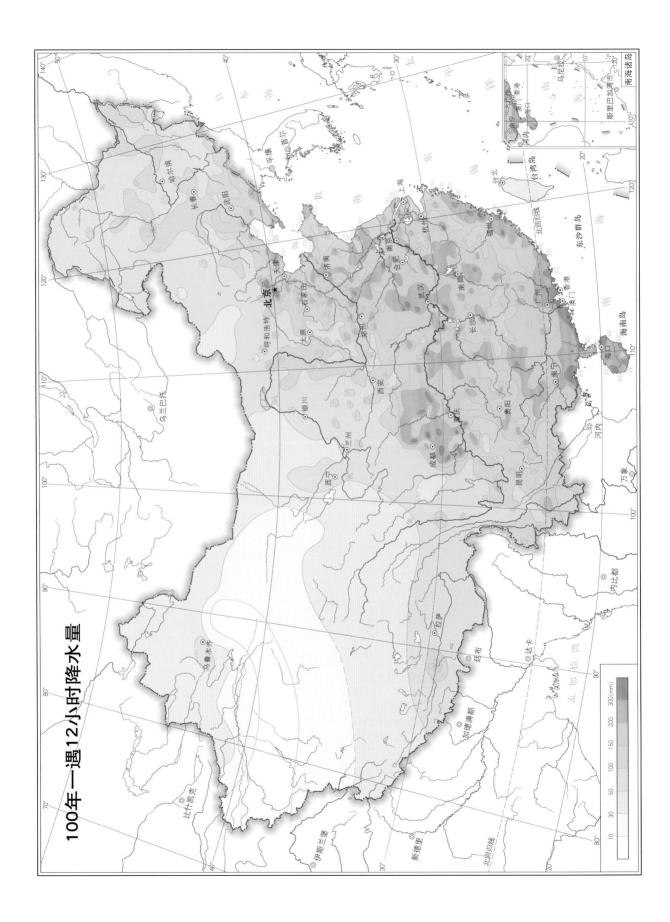

100年一遇12小时降水量

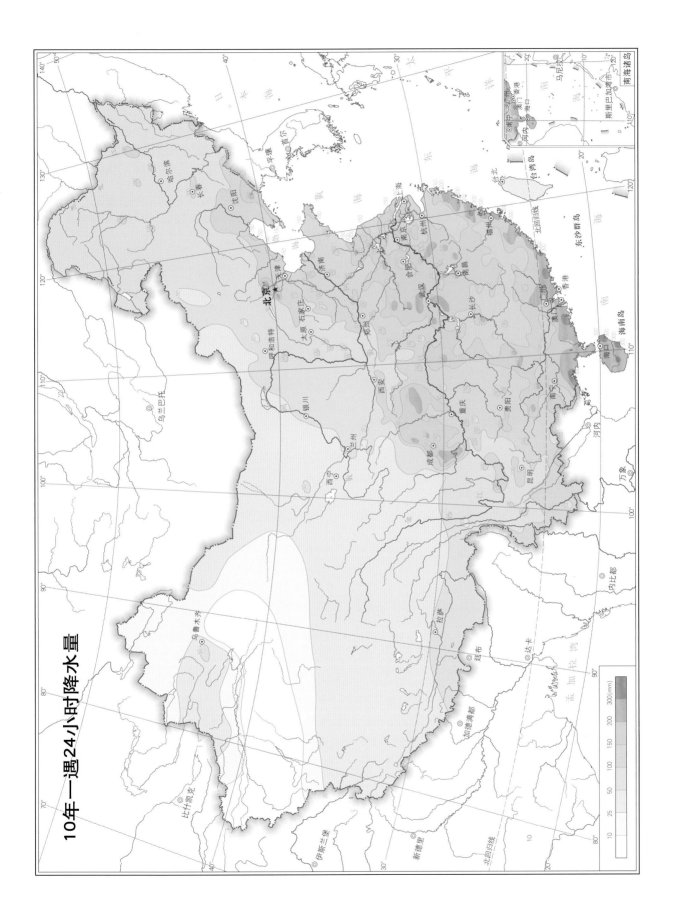

10年一遇24小时降水量

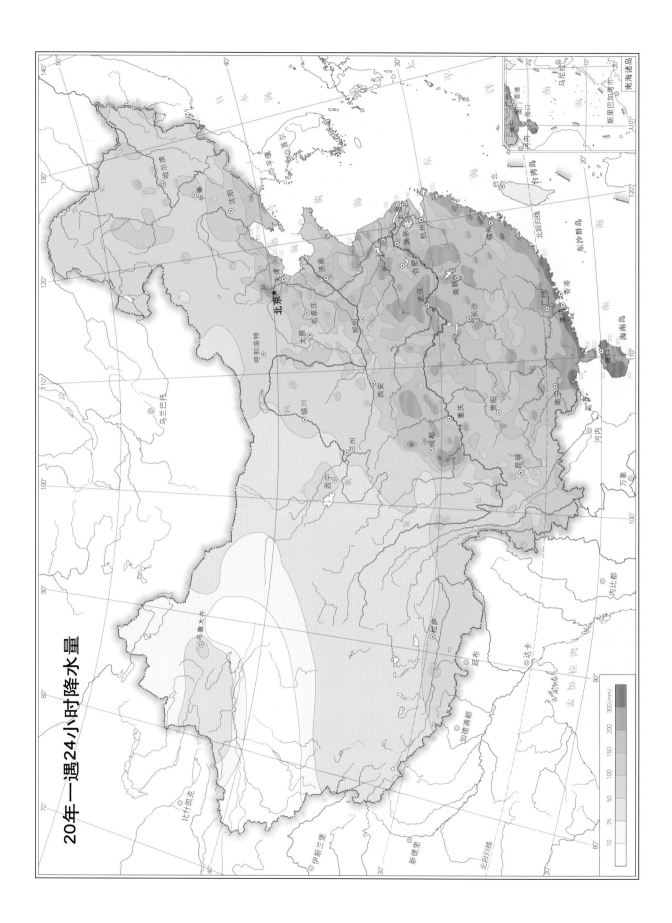

20年一遇24小时降水量

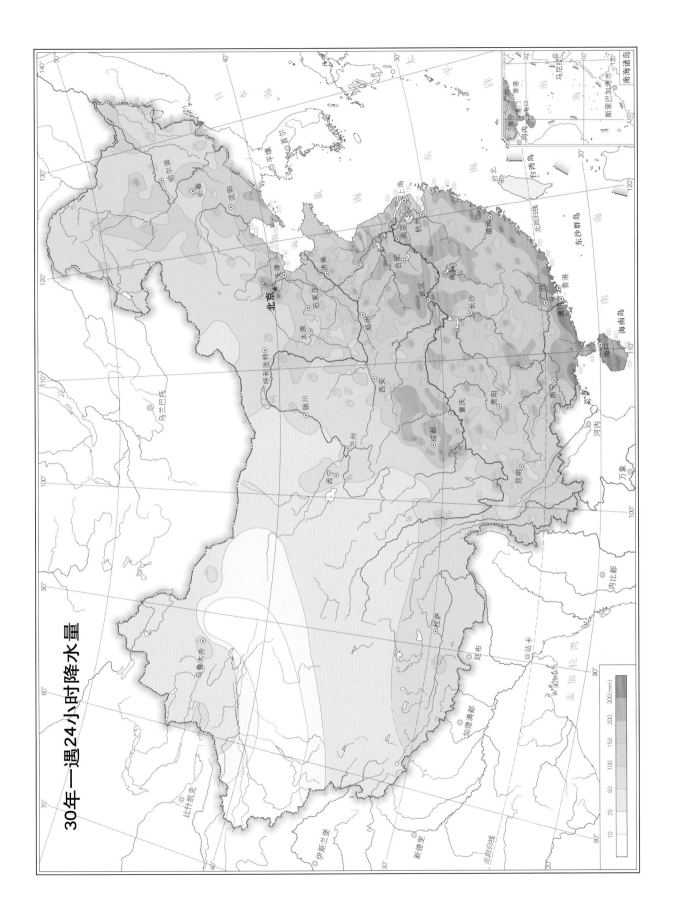

30年一遇24小时降水量

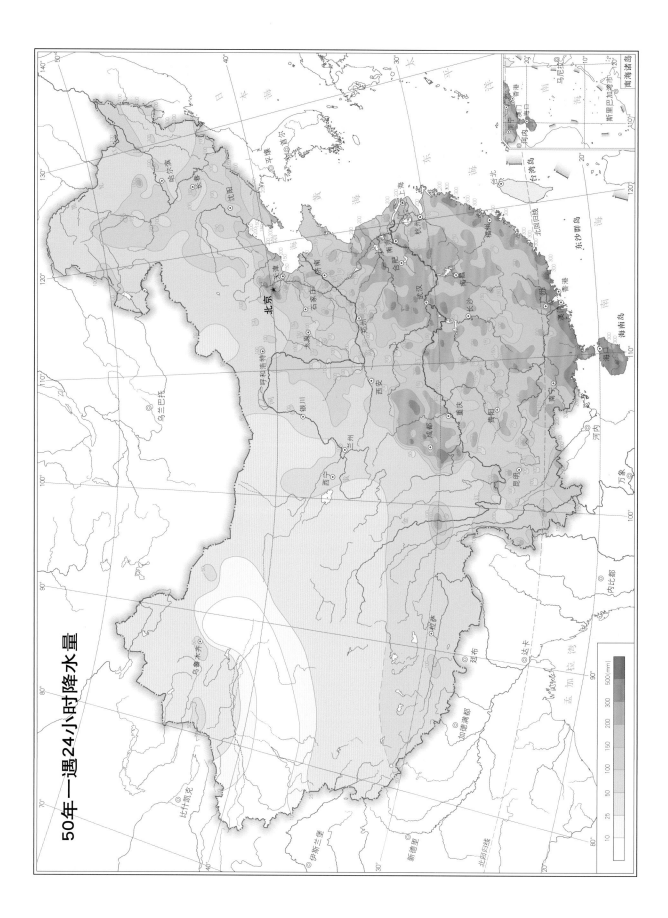

50年一遇24小时降水量

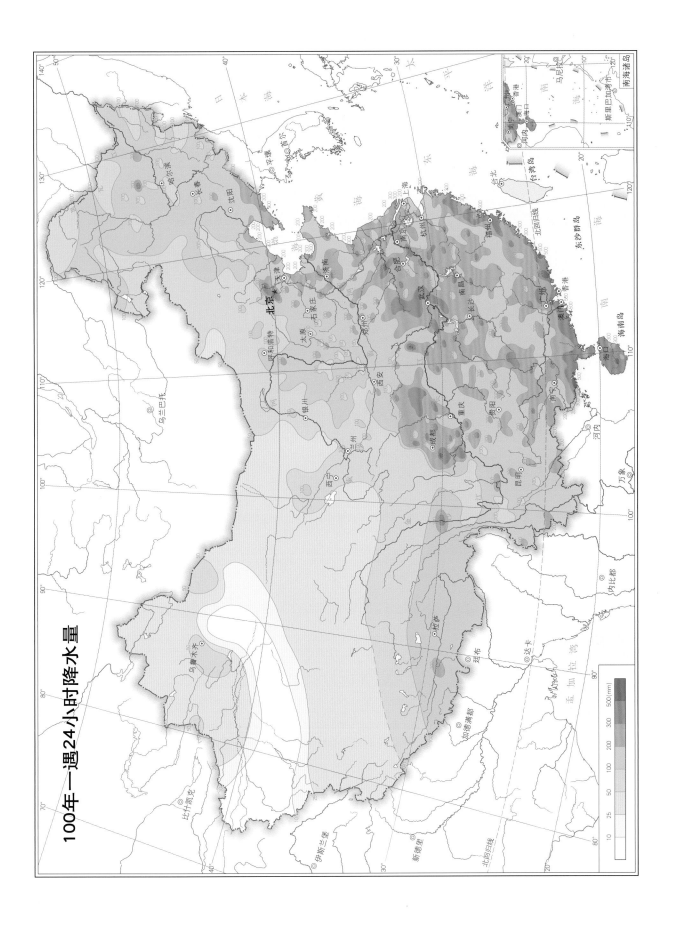

100年一遇24小时降水量

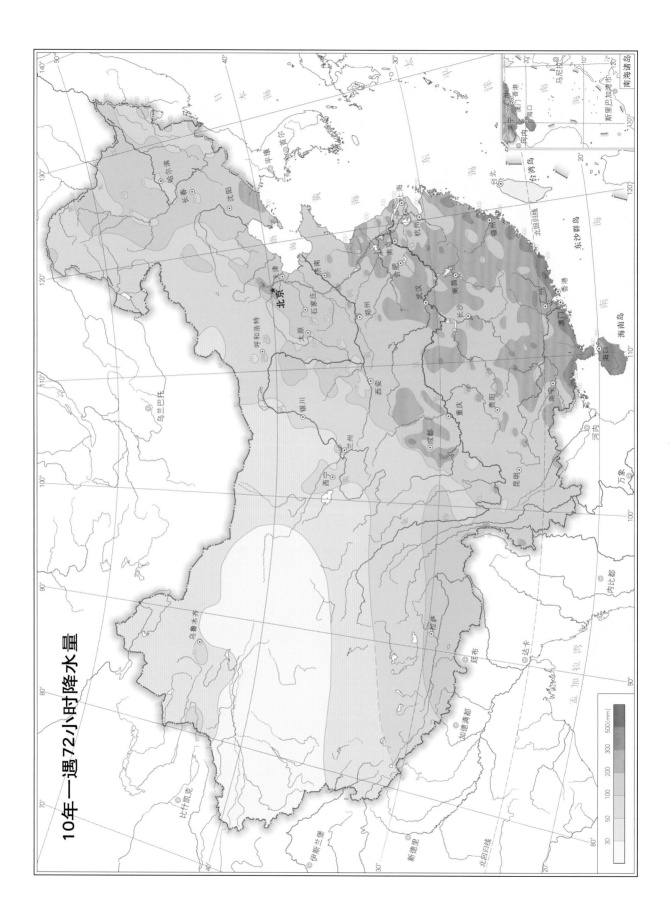

10年一遇72小时降水量

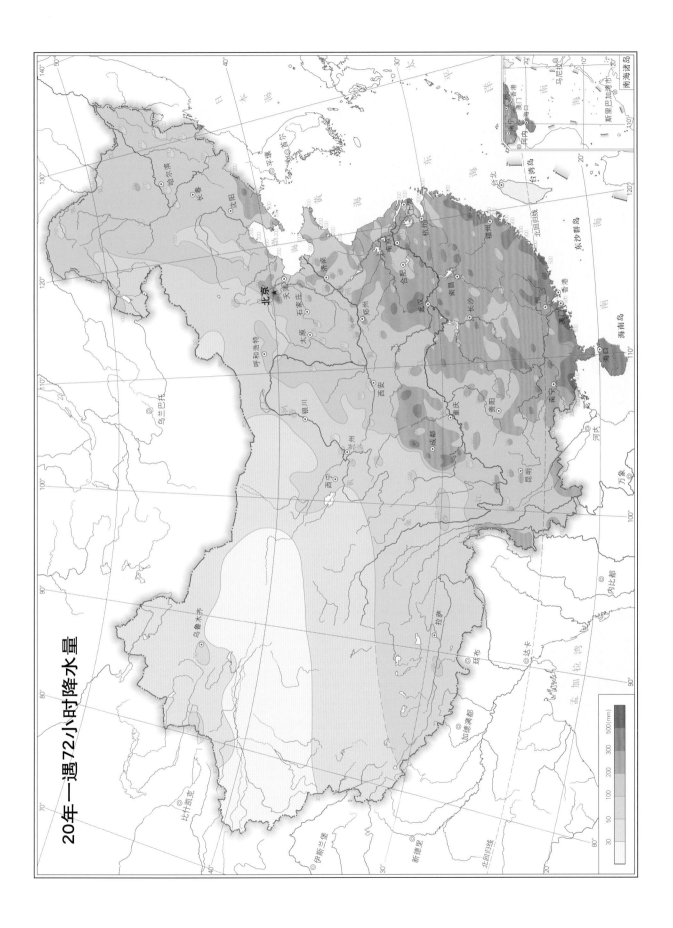

20年一遇72小时降水量

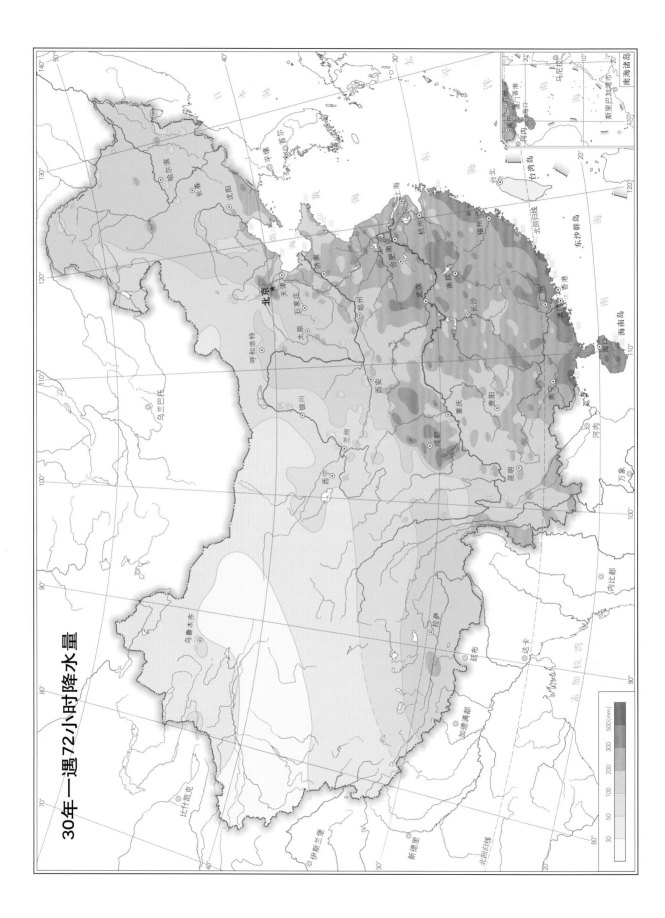

30年一遇72小时降水量

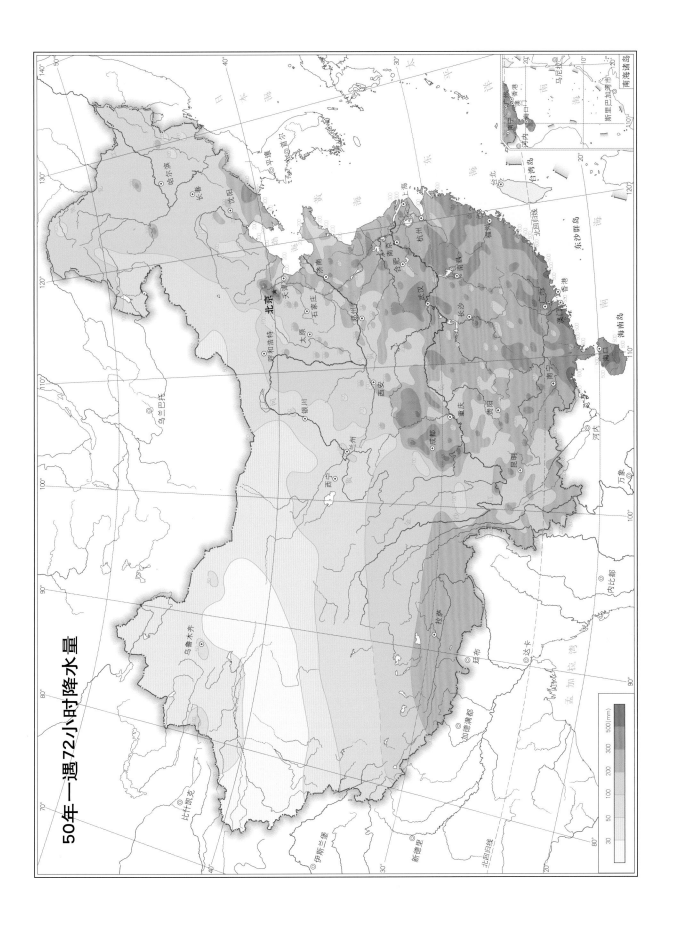

50年一遇72小时降水量

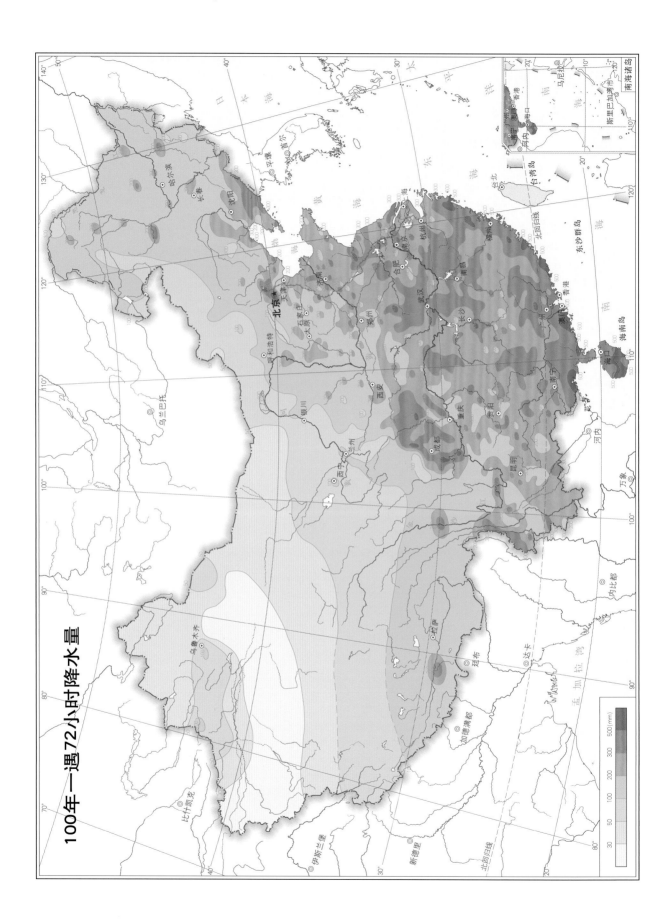

100年一遇72小时降水量

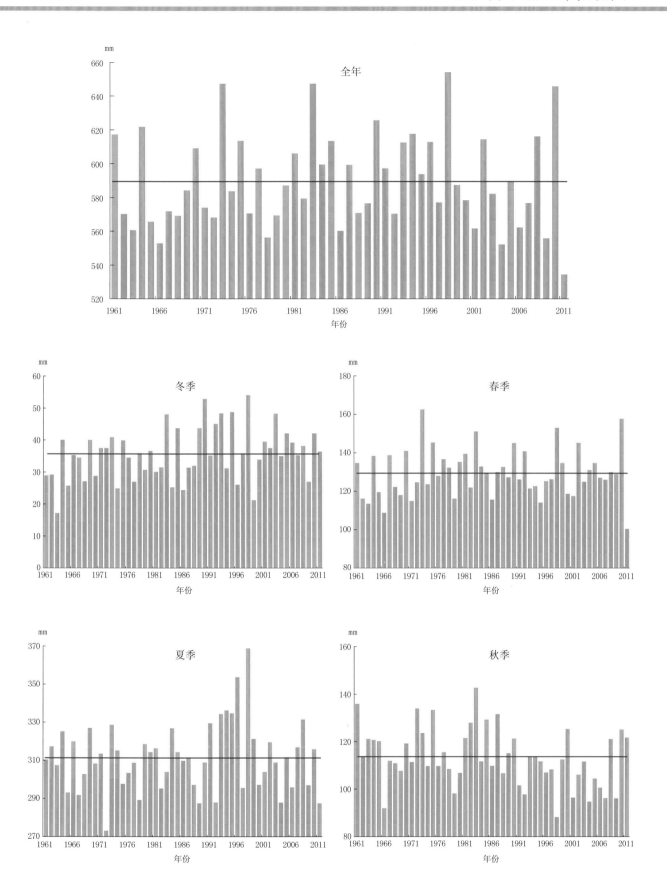

全国年及四季降水量历年变化

(柱状为历年值，红色直线为1961—2011年平均值，下同)

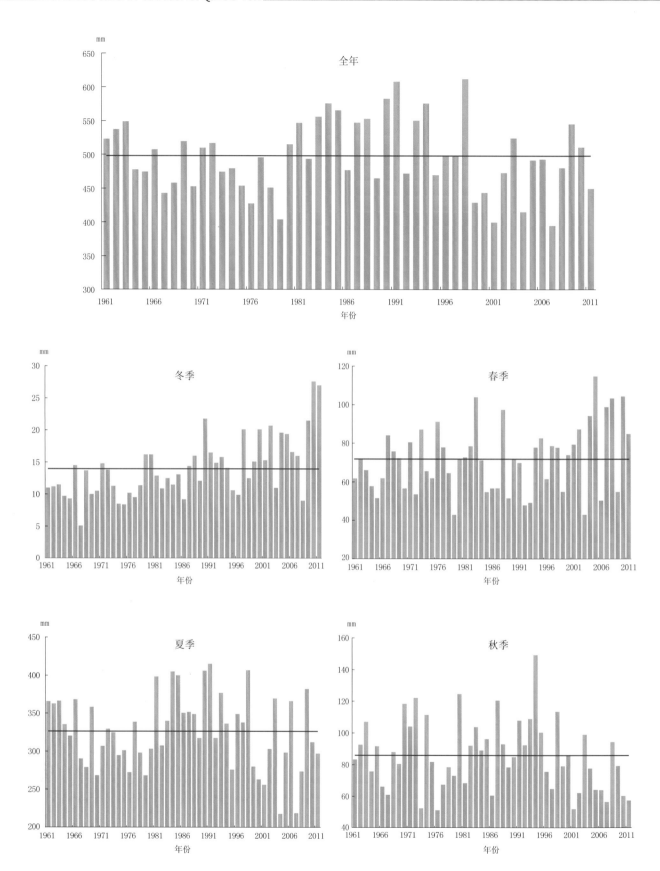

松花江流域年及四季降水量历年变化

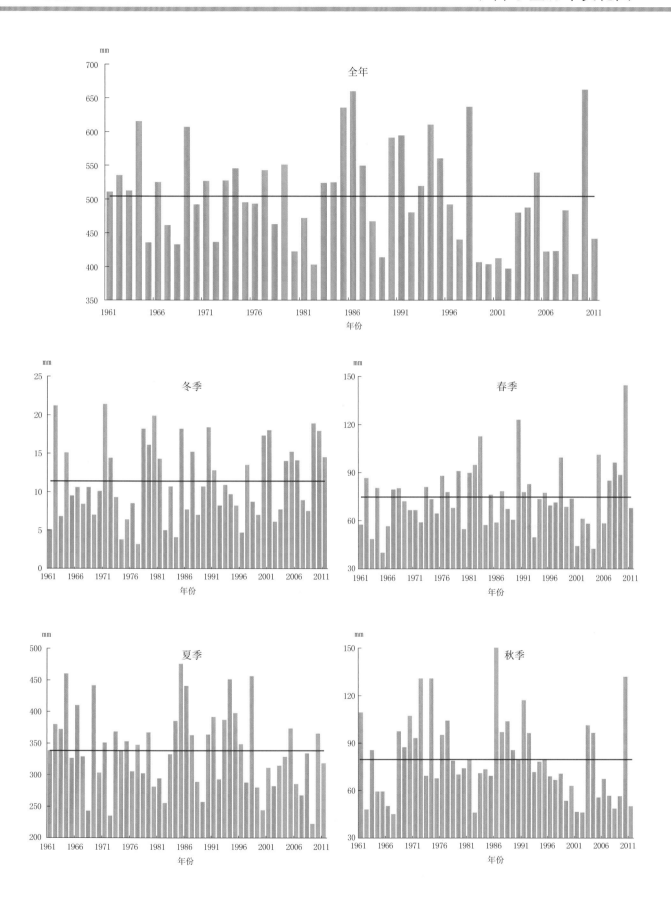

辽河流域年及四季降水量历年变化

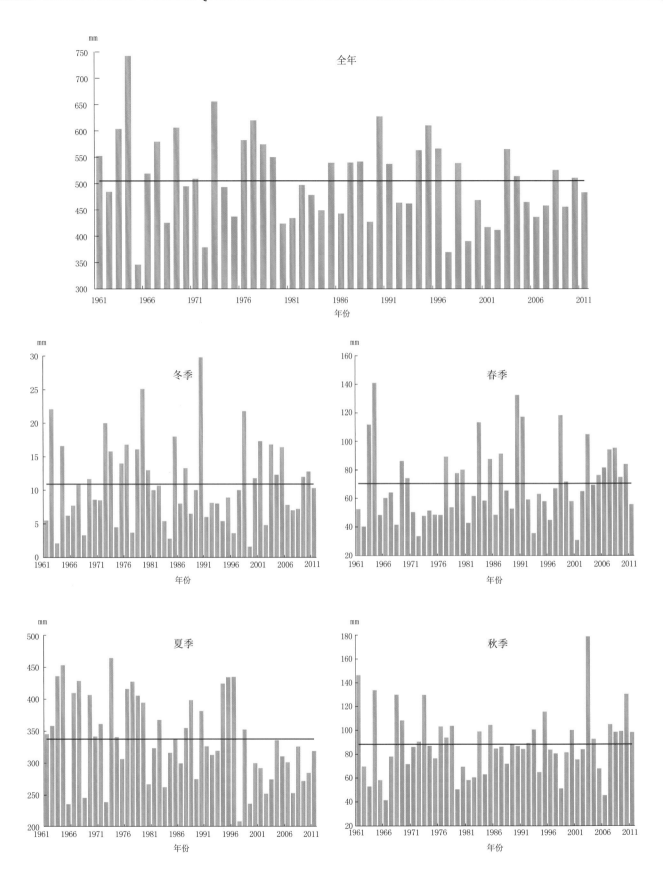

海河流域年及四季降水量历年变化

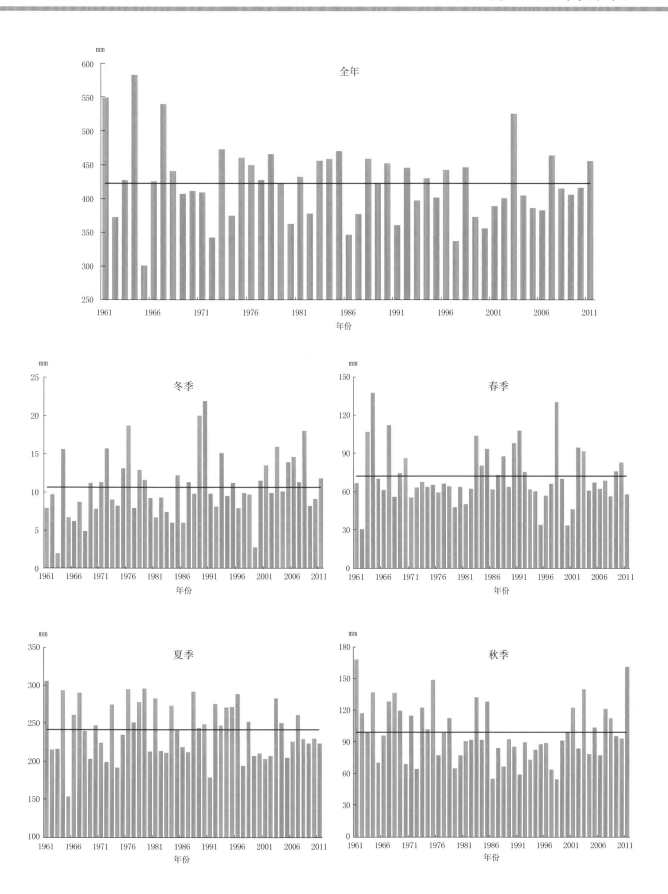

黄河流域年及四季降水量历年变化

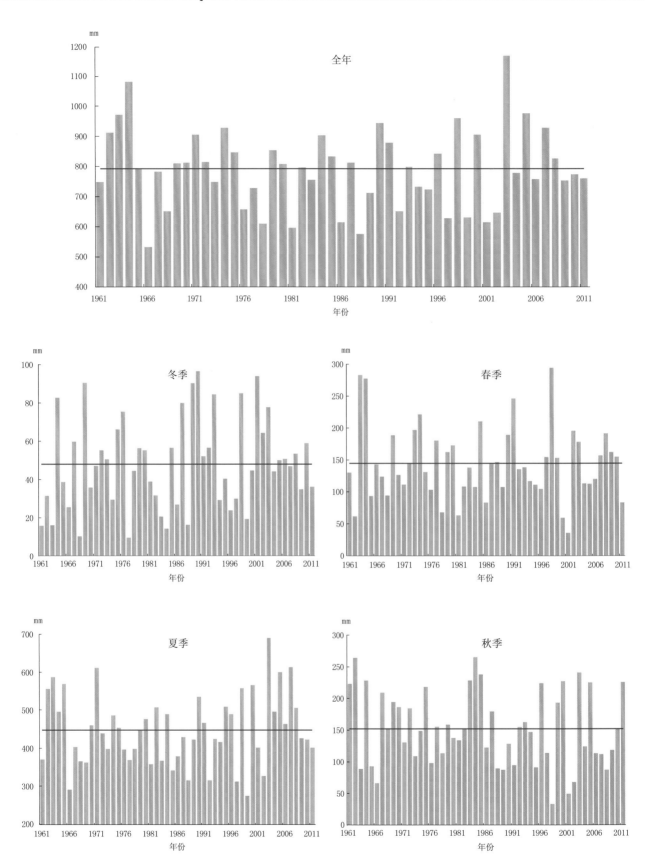

淮河流域年及四季降水量历年变化

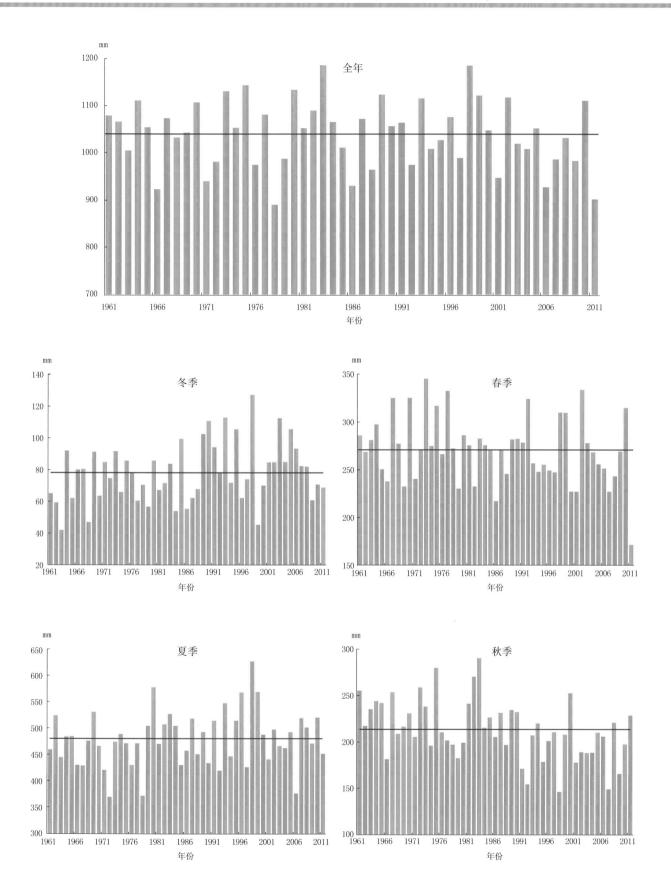

长江流域年及四季降水量历年变化

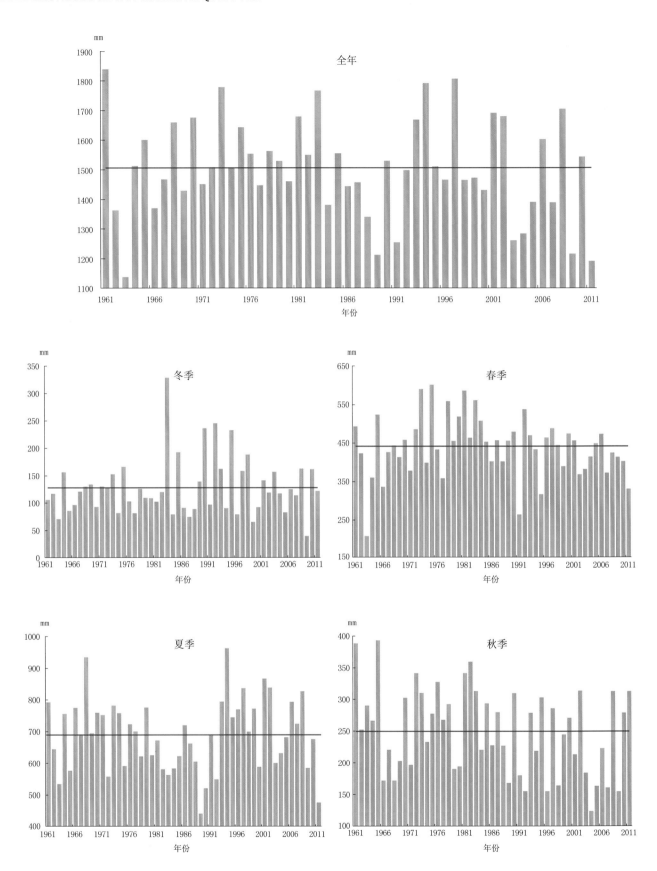

珠江流域年及四季降水量历年变化

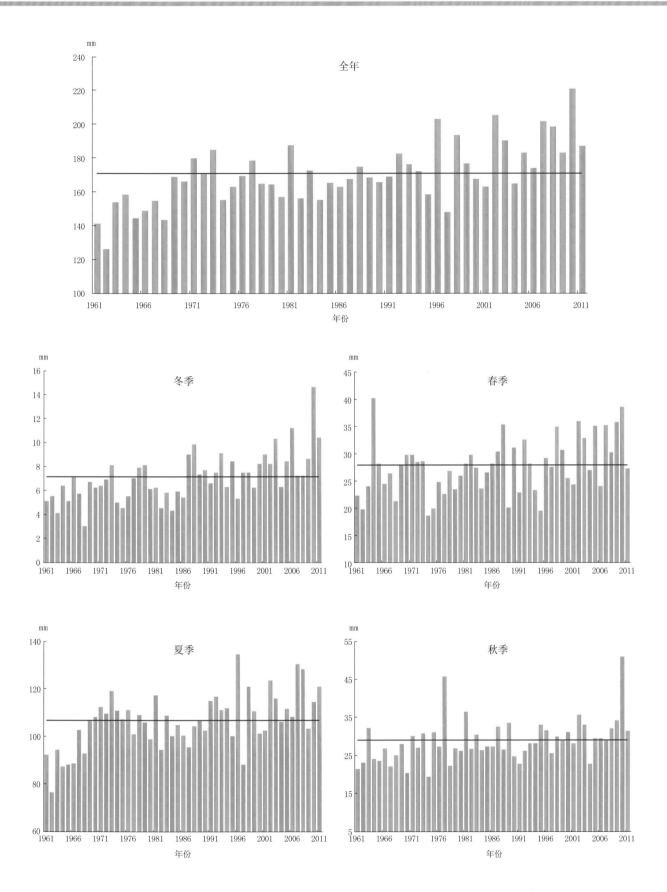

西北诸河年及四季降水量历年变化

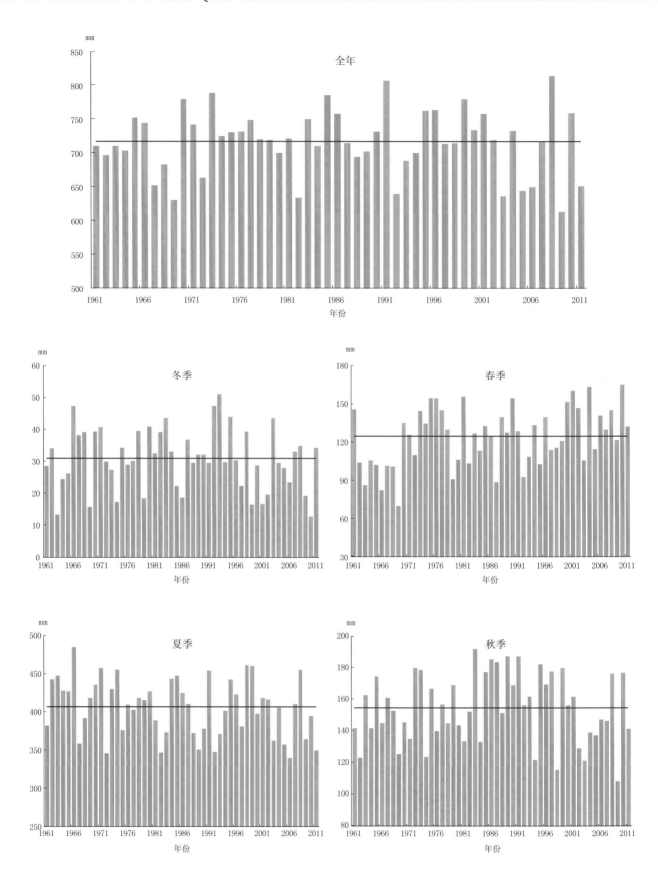

西南诸河年及四季降水量历年变化

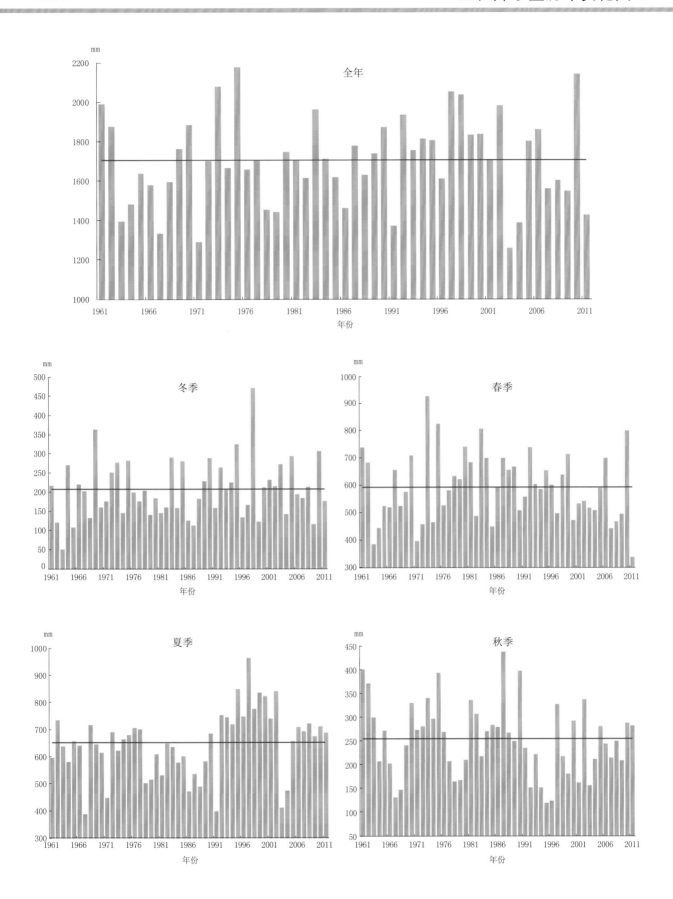

东南诸河年及四季降水量历年变化

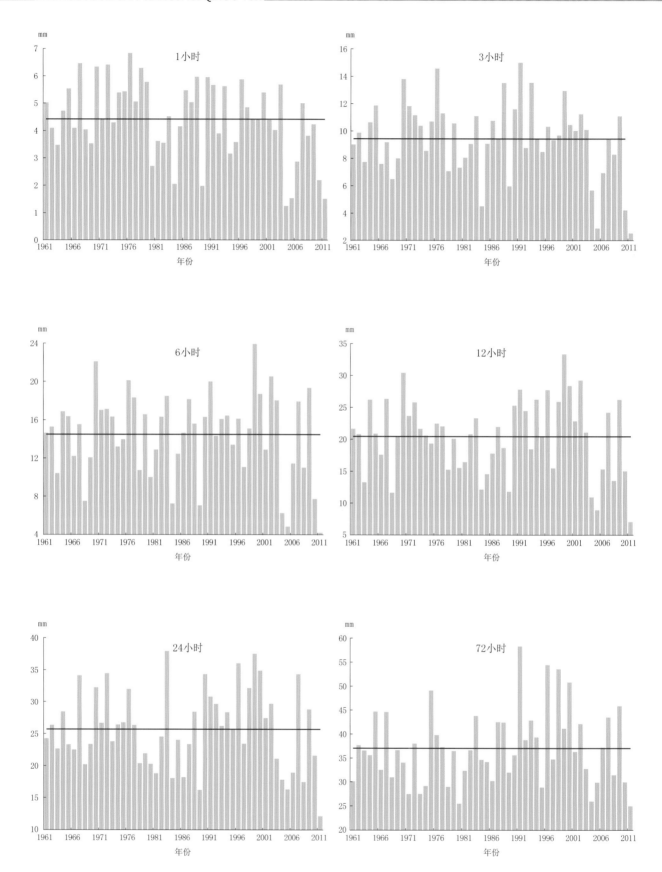

松花江流域不同历时最大降水量历年变化

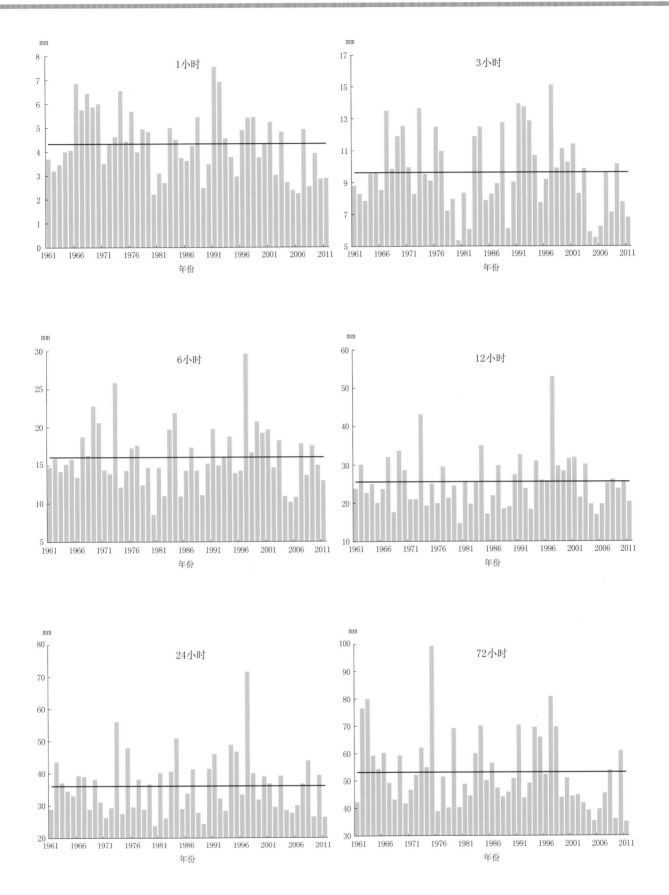

辽河流域不同历时最大降水量历年变化

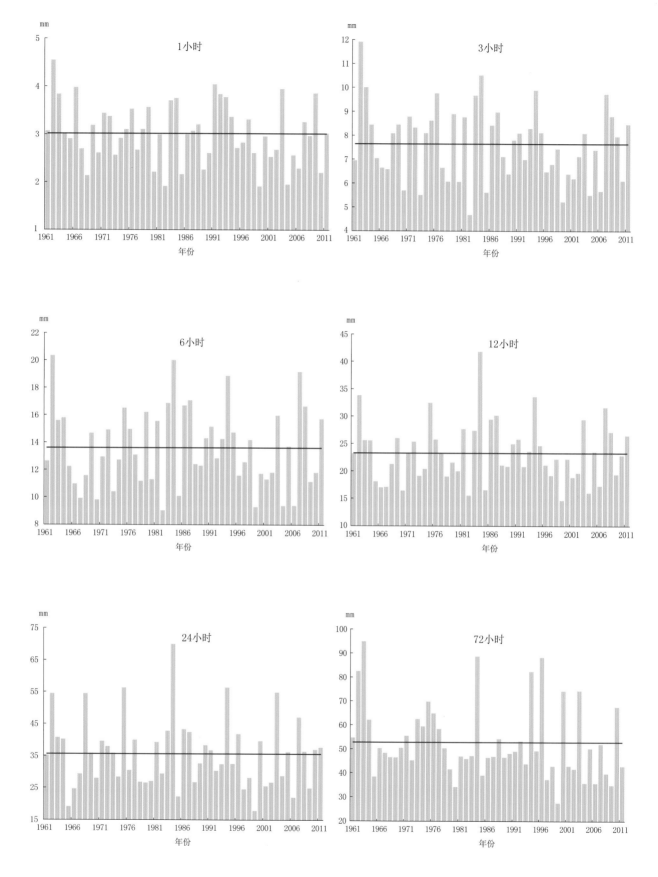

海河流域不同历时最大降水量历年变化

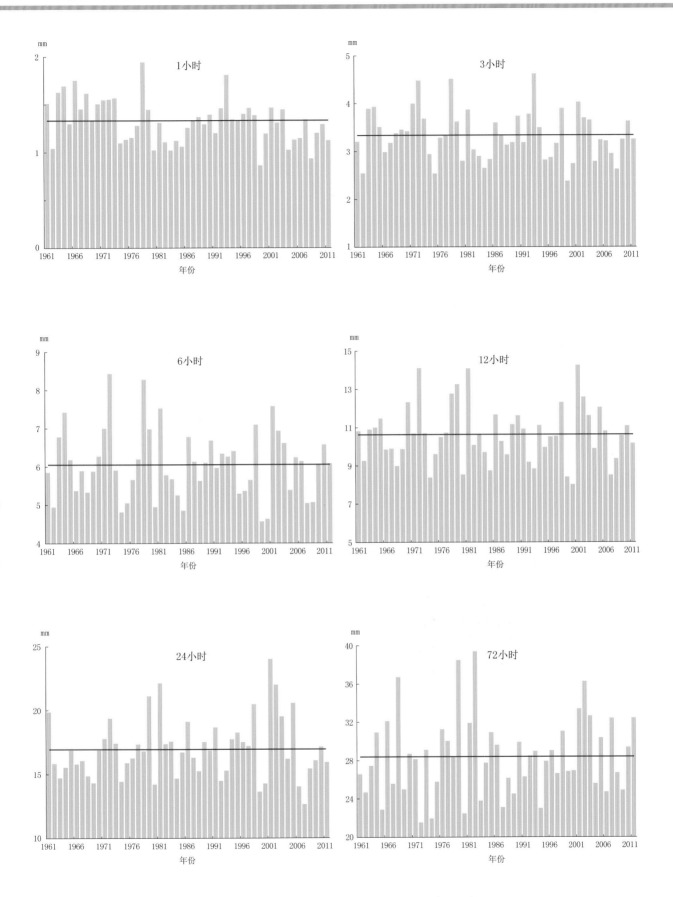

黄河流域不同历时最大降水量历年变化

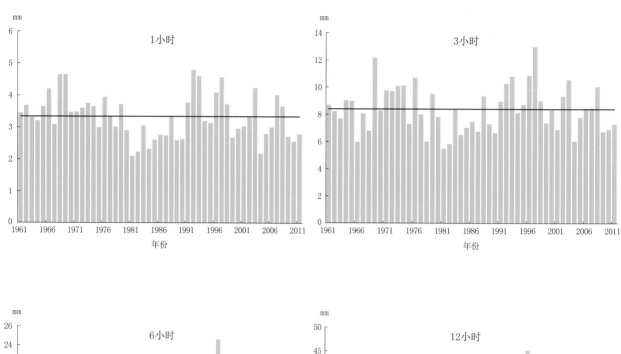

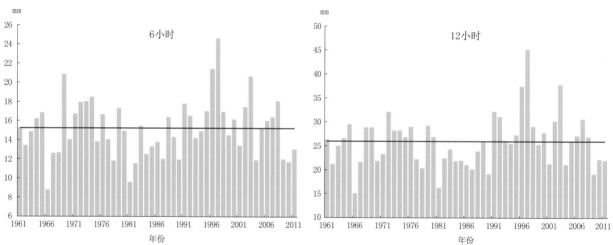

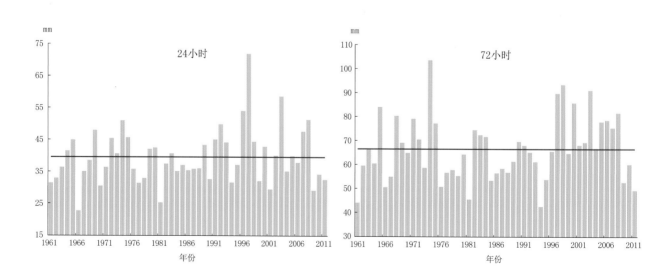

淮河流域不同历时最大降水量历年变化

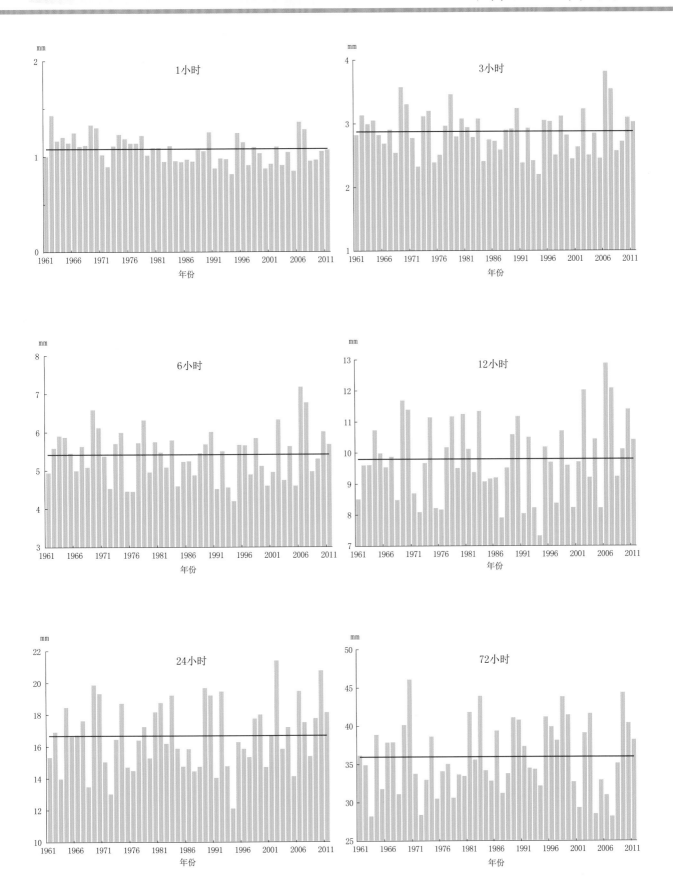

长江流域不同历时最大降水量历年变化

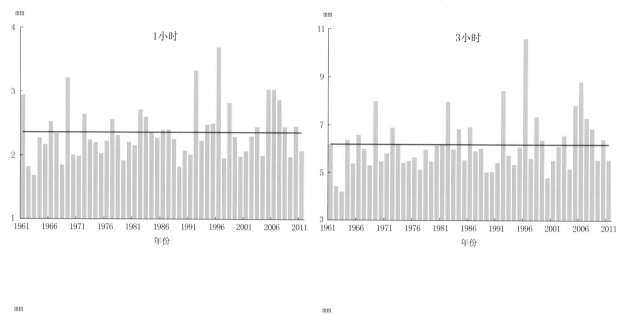

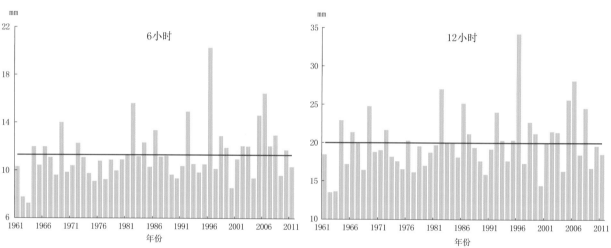

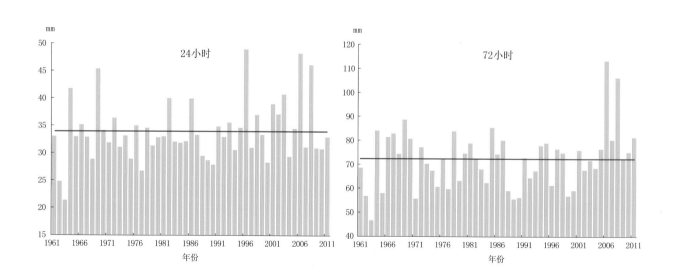

珠江流域不同历时最大降水量历年变化

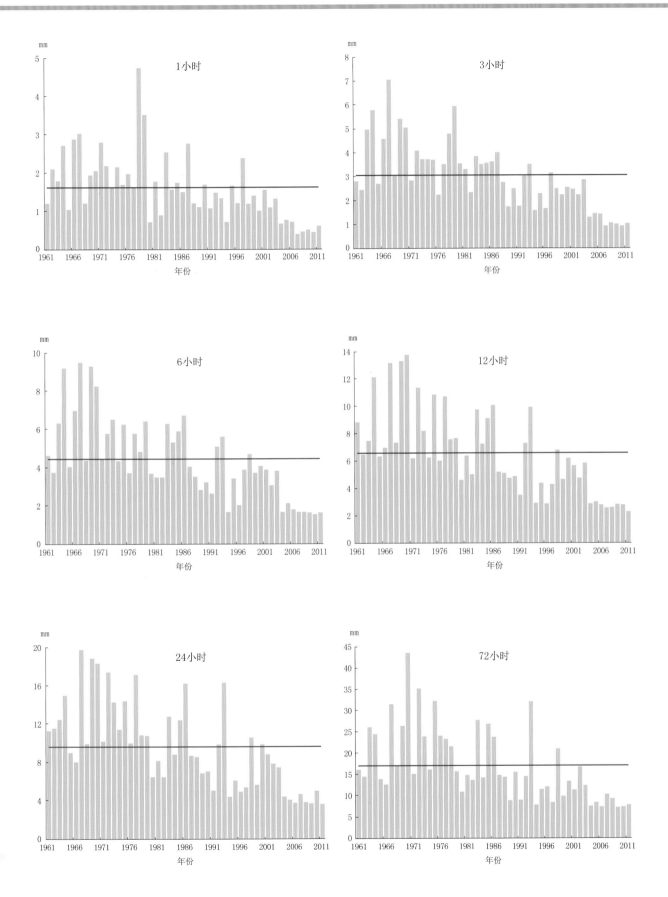

西北诸河不同历时最大降水量历年变化

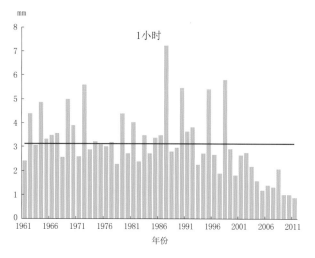

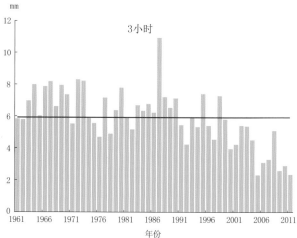

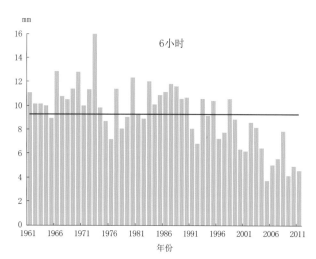

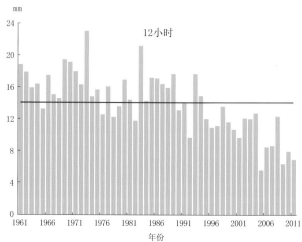

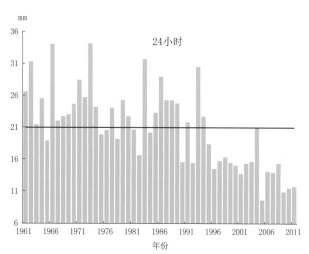

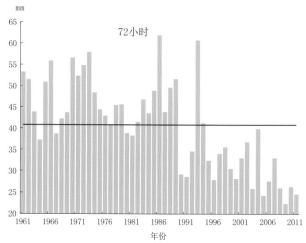

西南诸河不同历时最大降水量历年变化

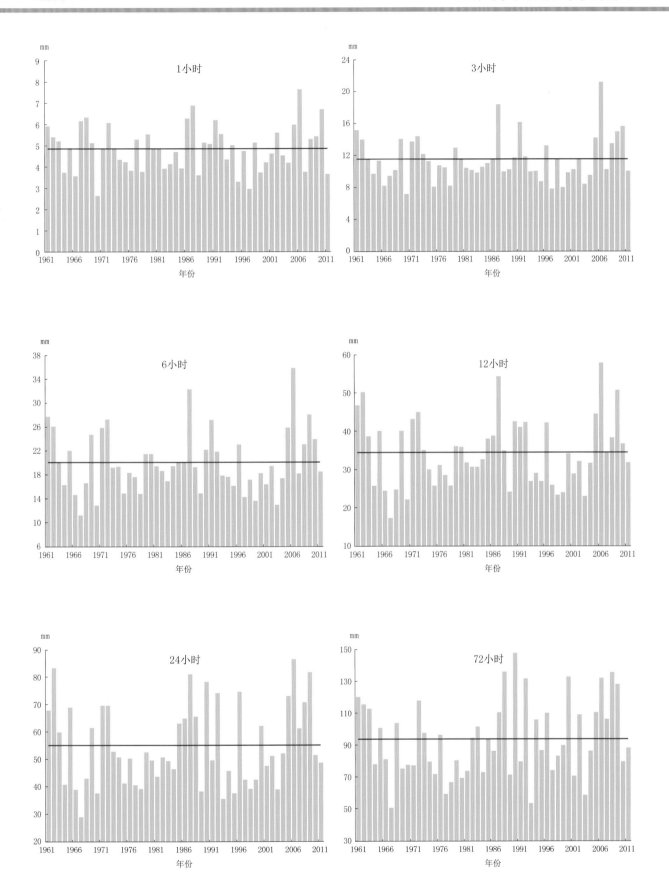

东南诸河不同历时最大降水量历年变化